中国石油西南油气田公司

天然气生产场所 HSE 监督检查典型问题及正确做法

第二分册　输配气站场及长输管道

《天然气生产场所 HSE 监督检查典型问题及正确做法图集
第二分册　输配气站场及长输管道》编写组　编

石油工業出版社

内容提要

本书是《天然气生产场所 HSE 监督检查典型问题及正确做法图集》的第二分册。本书对输配气站场及长输管道发现的 HSE 典型问题进行了汇总，从专业角度给出正确做法及标准条款。

本书可作为天然气生产 HSE 监督人员监督检查的工作手册，是 HSE 监督人员的学习用书，同时也可为天然气生产单位系统排查问题隐患、整改完善提供指引。

图书在版编目（CIP）数据

天然气生产场所 HSE 监督检查典型问题及正确做法图集．第二分册，输配气站场及长输管道 /《天然气生产场所 HSE 监督检查典型问题及正确做法图集 第二分册 输配气站场及长输管道》编写组编．—北京：石油工业出版社，2021.11

ISBN 978-7-5183-4982-1

Ⅰ．①天… Ⅱ．①天… Ⅲ．①天然气输送－站场－监督管理－图集②天然气－配气站－监督管理－图集 Ⅳ．①TE8-64

中国版本图书馆 CIP 数据核字（2021）第 223382 号

出版发行：石油工业出版社

（北京安定门外安华里 2 区 1 号 100011）

网 址：www.petropub.com

编辑部：（010）64523553

图书营销中心：（010）64523633

经 销：全国新华书店

印 刷：北京晨旭印刷厂

2021 年 11 月第 1 版 2021 年 11 月第 1 次印刷

889×1194 毫米 开本：1/32 印张：5.625

字数：90 千字

定价：76.00 元

（如出现印装质量问题，我社图书营销中心负责调换）

《天然气生产场所HSE监督检查典型问题及正确做法图集

第二分册　输配气站场及长输管道》

编委会

主　任： 龚建华

副主任： 陈学锋　刘润昌　朱　愚　李　明　岑　嶺

肖启强

委　员： 杨轲舸　雍崧生　谭龙华　黄　杰　黄　健

熊　勇　张西川　申　俊　魏　东

编写组

主　编： 黄　健

副主编： 黄　成

编写人： 万雪松　张　健　杨　俊　温传平　龙蓓蓓

吴卫霞　王　东　刘长林　钱　成　李长勇

毛彦恒　姚　平　滕世明　杨晓萌　陈世兵

张文艳　刘　鸿　王　磊　蒲　嵩　黄　宇

PREFACE

序言

HSE管理体系将健康、安全、环境融为一体，在企业的管理目标中突出了人的健康、安全和环境保护。随着中国石油西南油气田公司规模的不断扩大，生产、施工作业工作量不断增加，HSE监督检查方面也积累了大量的典型HSE问题案例。这些典型问题是在查阅相关的国家和行业标准规范、企业管理制度，以及现场风险评估分析的基础上提出的，是宝贵的现场安全管理经验和智力劳动成果结晶。

油气田生产面临的安全环保风险日益严峻，加之国家对安全环保的监管力度趋严趋紧，对从事现场安全管理和安全监督检查工作的人员提出更高的专业要求。另外安全管理和监督检查也是一项涉及知识范围广、专业面深的工作，对监督检查问题的描述在准确性、合规性方面提出了更高要求。中国石油西南油气田公司在不断提升HSE管理水平的同时，非常注重队伍的基础建设和员工安全意识能力提升工作，为方便广大员工快速学习和掌握监督检查相关标准规范，特组织安全生产等方面的专家，整理编写了“天然气生产场所HSE监督检查典型问题及正确做法图集”。

本套图书采用文字、图片搭配，清晰展现了现场问题的错误和正确做法，针对每一个问题都附有行业标准规范、管理制度要求和详细的条款说明，浅显易懂、易学易记，对 HSE 监督人员、基层管理人员、技术人员和操作人员有很好的指导作用。

本套图书内容分为集输站场、输配气站场及长输管道、天然气净化厂，以及城镇燃气、CNG、LNG 四个分册，每个分册都精选了监督检查中大量的典型问题，包含有设备、工艺、电气、仪表、消防、安防等问题和标准，这些案例都经过了各专业技术专家的讨论、筛选，力求做到精简、适用、高效。

本套图书旨在为中国石油西南油气田公司各级 HSE 监督、生产单位人员提供一本便于学习、便于对标的知识读本，从而更好地识别风险、控制风险、提升安全意识、规范安全行为、防范事故发生。

本套图书为中国石油西南油气田公司近年来 HSE 监督检查经典案例汇总，由于时间和资料有限，难免存在不足，在内容上还需进一步完善，希望广大读者结合自身实践，在阅读和使用中提出宝贵的修改意见和建议。

F O R E W O R D

前言

2017年，中国石油西南油气田公司完成了《天然气生产场所HSE监督检查典型问题及正确做法图集　第一分册　集输站场》的编制及推广应用工作，取得了良好效果。为了进一步完善该系列图书，2018年，组织完成了《天然气生产场所HSE监督检查典型问题及正确做法图集　第二分册　输配气站场及长输管道》的编制，从日常运行管理、站场工艺设备设施等方面，由专业部门给出正确做法及标准条款，更加凸显了图册的专业性、权威性。2021年继续推进本书的编制和丰富完善，建立了一整套输配气站场及长输管道员工识别风险和排查隐患的系统性手册。

本书共10章：（1）日常运行管理，（2）站场工艺设备设施，（3）站场计量设备及仪器仪表，（4）站场供配电设备设施及防爆，（5）气质分析及危化品管理，（6）安全防护设备设施，（7）站场附属设备设施，（8）管道防腐及阴极保护，（9）管道线路及附属设施巡护，（10）站场安装及线路施工，涵盖全业务流程的风险识别和排查隐患，可作为监督人员监督检查的工作手册，提升监督人员素质和能力，同时也可为各单位系统排查问题隐患、举一反三自我纠正整改和完善提供指引。

编者

2021年10月

CONTENTS

目录

日常运行管理

1.1 员工劳动保护

问题描述： 进入工艺装置区域未佩戴安全帽。

错误做法

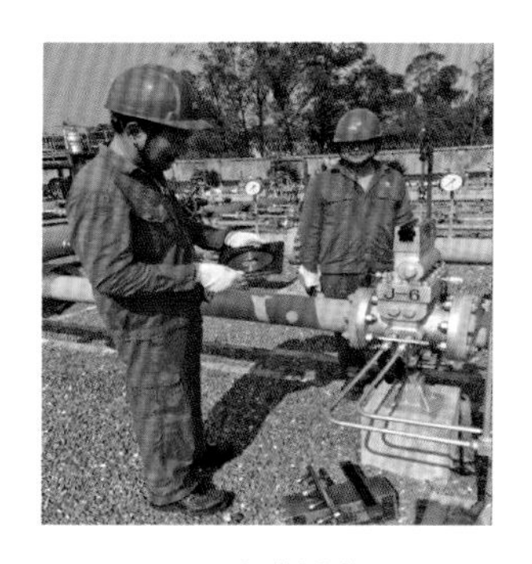

正确做法

标准条款

《中华人民共和国安全生产法》第 3 章第 49 条规定：“从业人员在作业过程中，应当严格遵守本单位的安全生产规章制度和操作规程，服从管理，正确佩戴和使用劳动保护用品。”

问题描述：安全帽无下颏带。

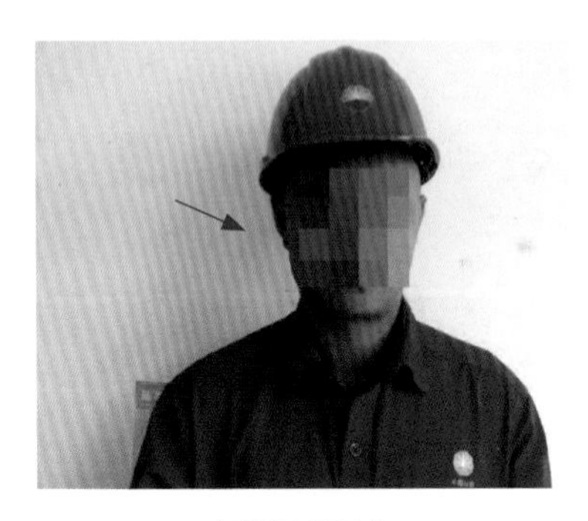

错误做法

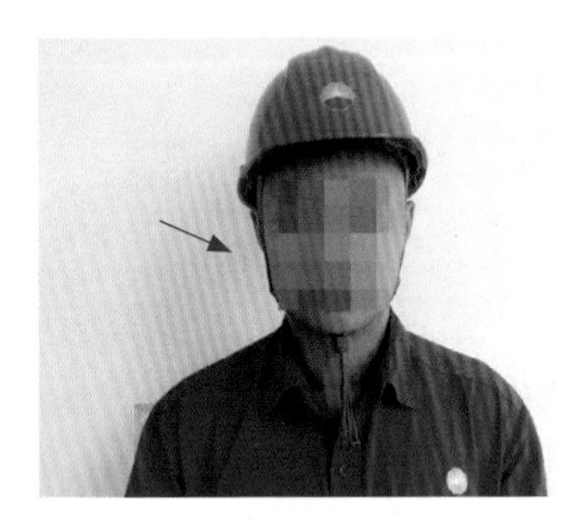

正确做法

标准条款

《头部防护 安全帽》（GB 2811—2019）第7.3条规定："a）警示：使用安全帽时应根据头围大小调节帽箍或下颏带，以保证佩戴牢固，不会意外偏移或滑落。"

问题描述： 进入工艺装置区未佩戴便携式可燃气体检测仪。

错误做法

正确做法

标准条款

《石油企业现场安全检查规范　第 10 部分：天然气集输站》（Q/SY 08124.10—2016）第 5.2.19.1 条规定：“现场工作人员应配置满足站场生产需要的劳动保护用品。”

1.2 设备使用状态

问题描述： 安全阀前端截断阀门铅封脱落。

错误做法

正确做法

标准条款

《安全阀安全技术监察规程》(TSG ZF001—2006) 第 B4.2 条规定："安全阀的进出口管道一般不允许设置截断阀，必须设置截断阀时，需要加铅封并且保证锁定在全开状态。"

问题描述：隔离点阀门上锁挂签未悬挂警示标牌。

错误做法

正确做法

标准条款

《上锁挂牌管理规范》（Q/SY 08421—2020）第 5.2.3 条规定：“上锁：根据上锁点清单，对已完成隔离的隔离设施选择合适的安全锁、填写警示标牌，对上锁点上锁挂牌。”

问题描述：检维修作业时隔离执行未实行双锁锁定。

错误做法

正确做法

标准条款

《西南油气田公司作业许可管理规定》第十八条："隔离完毕后由作业人员、属地人员分别上锁，做到'双锁'锁定。"

问题描述： 安全阀前端截断阀门处于关闭状态。

错误做法

正确做法

标准条款

《安全阀安全技术监察规程》（TSG ZF001—2006）附件 B4.2 条规定："安全阀的进出口管道一般不允许设置截断阀，必须设置截断阀时，需要加铅封，并且保证锁定在全开状态。"

问题描述： 压力表进水、锈蚀。

错误做法

正确做法

标准条款

《油气管道仪表及自动化系统运行技术规范》(SY/T 6069—2020) 第 3.1.5 条规定："各种指针式仪表的表盘分度线、数字和其他标志应清晰完整，各部件完整，无锈蚀、无松动和无渗漏。"

问题描述：阀门外防腐涂层脱落、锈蚀。

错误做法

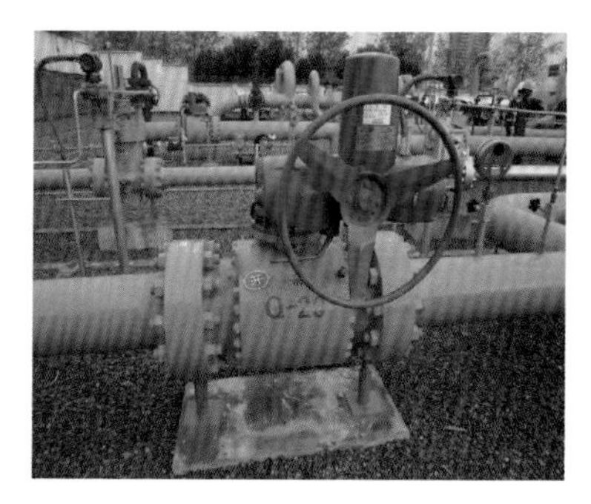

正确做法

标准条款

《油气管道通用阀门操作维护检修规程》(SY/T 6470—2011)第6.6.1.8条规定："阀门外防腐涂层应均匀，无脱落。"

1.3 生产作业环境

问题描述：工艺装置区域未设置警示线。

工艺区未设置警示线

错误做法

工艺区设置警示线

正确做法

标准条款

《石油企业现场安全检查规范　第 10 部分：天然气集输站》(Q/SY 08124.10—2012) 第 5.2.20.1 条规定："重要危险部位应正确设置明显的警示标志标牌及警示线。"

问题描述：站场水沟搭板破损，钢筋外露。

错误做法

正确做法

标准条款

《四川省安全生产条例》第三十条："生产经营场所内可能引起人身伤害的坑、洞、井、沟、池应当设置盖板或者围栏……"

问题描述：工艺管道阻碍安全通道。

错误做法

正确做法

标准条款

《生产过程安全卫生要求总则》（GB/T 12801—2008）第 5.4.6 条规定："危险性作业场所，应设置安全通道；应设应急照明、安全标志和疏散指示标志；门窗应向外开启；通道和出口应保持畅通；出入口的设置应符合有关规定。"

1.4 应急逃生

问题描述：安全逃生门无法打开。

错误做法

正确做法

标准条款

《生产过程安全卫生要求总则》(GB/T 12801—2008)第5.4.6条规定："危险性作业场所，应设置安全通道；门窗应向外开启；通道和出口应保持畅通；出入口的设置应符合有关规定。"

问题描述：紧急出口无警示标志标牌。

错误做法

正确做法

标准条款

《石油企业现场安全检查规范　第 10 部分：天然气集输站》(Q/SY 08124.10—2016) 第 5.2.20.1 条规定：“重要危险部位应正确设置明显的警示标志标牌及警示线。”

问题描述：配电室应急照明灯故障。

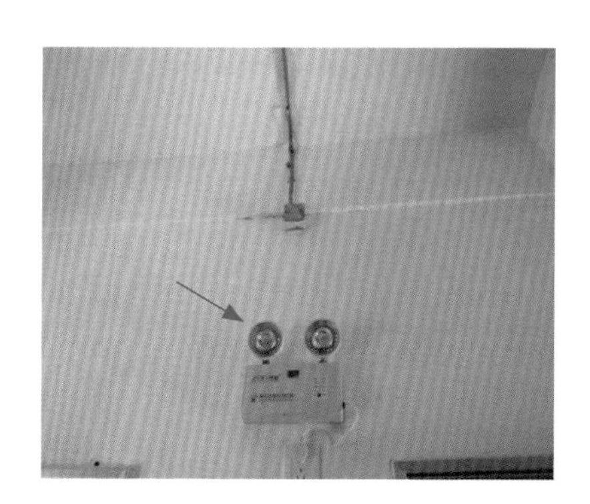

错误做法

正确做法

标准条款

《陆上油气田油气集输安全规程》(SY/T 6320—2016) 第9.2 条规定：“配电室应设应急照明……”

站场工艺设备设施

2.1 工艺设备

问题描述：ESD 系统电磁阀无励磁回路。

错误做法

正确做法

标准条款

《输油气管道工程安全仪表系统设计规范》(SY/T 6966—2013)第 3.1.4 条规定："安全仪表系统的设计应遵循故障安全原则，并应符合执行元件电磁阀应为励磁回路。"

问题描述：气液联动执行机构进气阀关闭。

错误做法

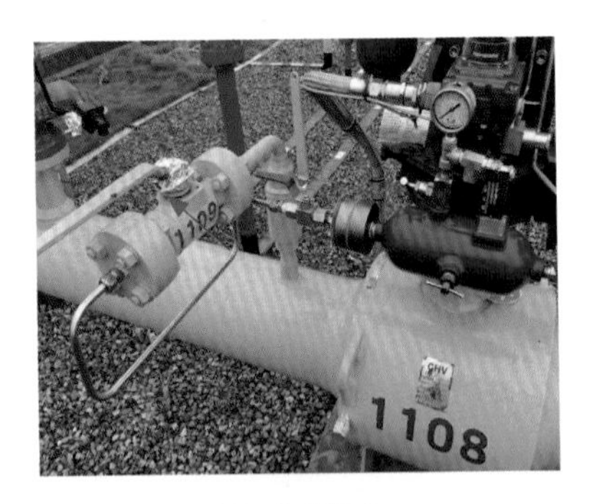

正确做法

标准条款

《油气管道通用阀门操作维护检修规程》(SY/T 6470—2011) 第 4.2.7 条规定："气液联动执行机构进气阀应处于全开状态，气压值应达到规定要求。"

问题描述：阀门手柄缺损。

错误做法

正确做法

标准条款

《输气站管理规范》（Q/SY 08153—2018）第 6.10 条规定："工艺设备应无锈、无漏、无缺损。"

问题描述： 阀套式排污阀铜套限位螺栓缺失。

错误做法

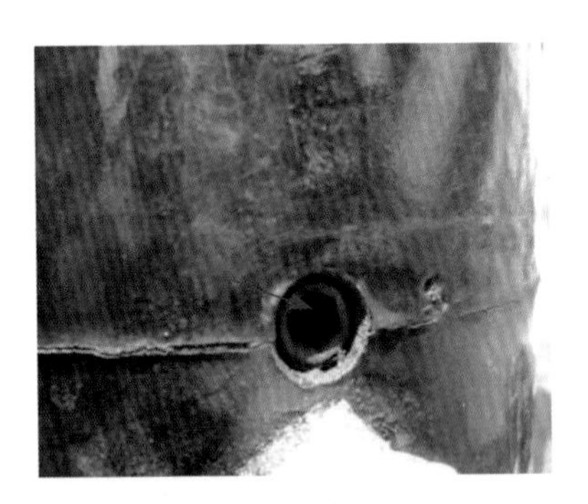

正确做法

标准条款

《输气站管理规范》(Q/SY 08153—2018) 第 6.10 条规定："工艺设备应无锈、无漏、无缺损，应按安装标准进行检查、记录。"

问题描述：平板闸阀阀杆注油嘴缺失。

错误做法

正确做法

标准条款

《输气站管理规范》(Q/SY 08153—2018)第6.10条规定："工艺设备应无锈、无漏、无缺损，应按安装标准进行检查、记录。"

问题描述： 调压阀（塔塔里尼）阀位开度指示护罩脱落。

错误做法

正确做法

标准条款

《输气站管理规范》（Q/SY 08153—2018）第 6.10 条规定："工艺设备应无锈、无漏、无缺损，库存足够，应按安装标准进行检查、记录。"

问题描述：法兰连接螺栓未露出螺母以外 0～3 个螺距。

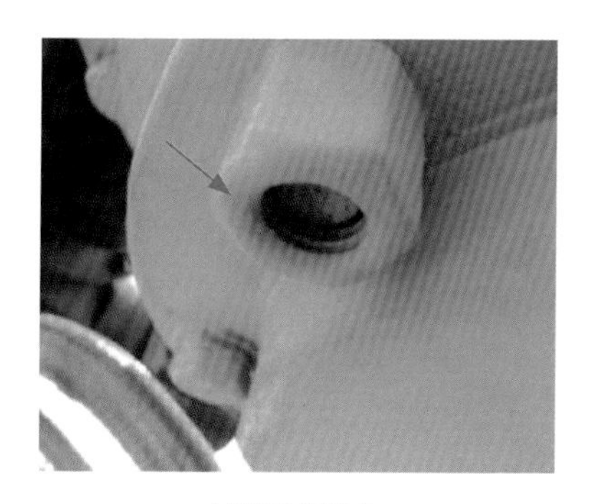

错误做法

正确做法

标准条款

《石油天然气站内工艺管道工程施工规范》(GB 50540—2009) 第 6.2.21 条规定："法兰连接应与管道保持同轴，其螺栓孔中心偏差不超过孔径的 5%，并保持螺栓自由穿入。法兰螺栓拧紧后应露出螺母以外 0～3 个螺距，螺纹不符合规定的应进行调整。"

2.2 工艺管道

问题描述： 生产设施、设备支撑失效。

错误做法

正确做法

标准条款

《西南油气田分公司生产作业场所安全管理规定》第九条规定："各种生产设施、设备及附件应安全可靠，符合有关设备管理规定……"

问题描述：未在进出站管线上标识介质流向。

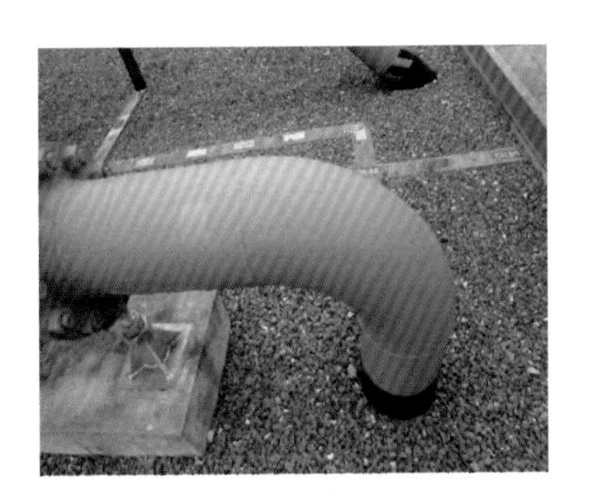

错误做法

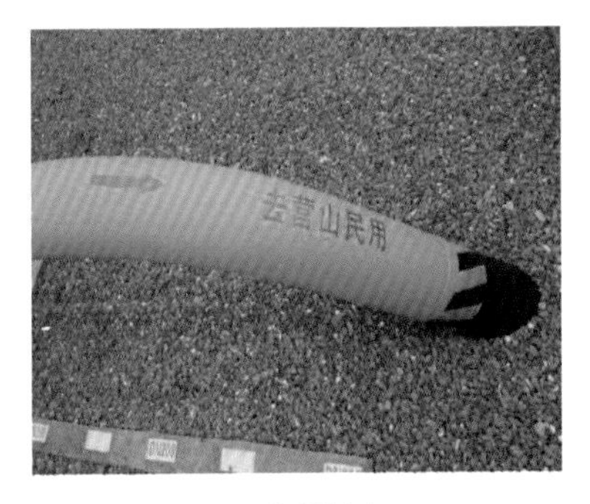

正确做法

标准条款

《西南油气田分公司安全目视化管理规定》第十八条规定：“管线、阀门的着色应严格执行国家或行业的有关标准。同时，应在管线上标明介质名称和流向，在控制阀门明显位置标明自编号，以便操作控制。”

问题描述： 球阀执行机构阀位观察面板老化，导致无法看清阀门开度。

错误做法

正确做法

标准条款

《输气站管理规范》(Q/SY 05153—2012) 第 6.5 条规定："工艺设备管理，设备铭牌和经常操作的传动件应保持本色、完好、不能涂添遮盖物，保持醒目清楚；开关状态不易识别的阀门应设置所处状态一致的标识。"

问题描述：阀门未设置支撑。

错误做法

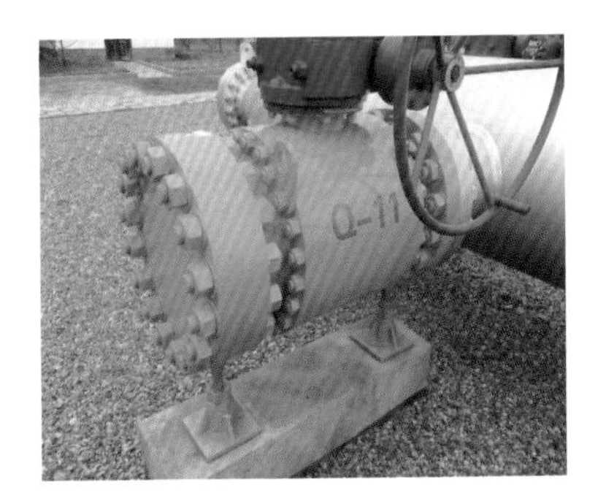

正确做法

标准条款

《阀门的检查与安装规范》(SY/T 4102—2013)第6.1.5条规定："大型阀门安装时，应预先安装好支架，不得将阀门的重量附加在设备或管道上。"

2.3 站场安全目视化管理规范

问题描述： 阀门上没有编号。

错误做法

正确做法

标准条款

《西南油气田分公司安全目视化管理规定》第十八条规定："管线、阀门的着色应严格执行国家或行业的有关标准。同时，应在管线上标明介质名称和流向，在控制阀门明显位置标明自编号，以便操作控制。"

问题描述：清管收球筒盲板无警示标牌。

错误做法

正确做法

标准条款

《西南油气田分公司安全目视化管理规定》第十七条规定："各单位应在设备设施的明显部位标注名称及编号，对有危险的设备设施应有警示信息。对因误操作可能造成严重危害的设备设施，应在其旁设置有安全操作注意事项的标牌。"

问题描述：压力表未粘贴校验合格标签。

错误做法

正确做法

标准条款

《西南油气田分公司安全目视化管理规定》第二十条规定："对遥控和远程仪表控制系统，应在现场指示仪表上标识出实际参数控制范围，粘贴校验合格标签。远程仪表在现场应有显示工位号（编号）等基本信息的标签。"

问题描述：接地测试点未标出明显标记。

错误做法

正确做法

标准条款

《油（气）田容器、管道和装卸设施接地装置安全规范》（SY/T 5984—2020）第 7.1.5 条规定：“测试点宜标出明显标记。”

问题描述：色环着色错误。

错误做法

正确做法

标准条款

《工业管道的基本识别色、识别符号和安全标识》(GB 7231—2003）第 6.1 条规定：“危险标识 b）规定表示方法在管道上涂 150mm 宽黄色，在黄色两侧各涂 25mm 宽黑色的色环或色带（见附录 A)，安全色范围应符合 GB 2893 的规定。”

站场计量设备及仪器仪表

3.1 高级孔板阀

问题描述：孔板阀计量装置使用孔板的 A 面存在明显缺陷。

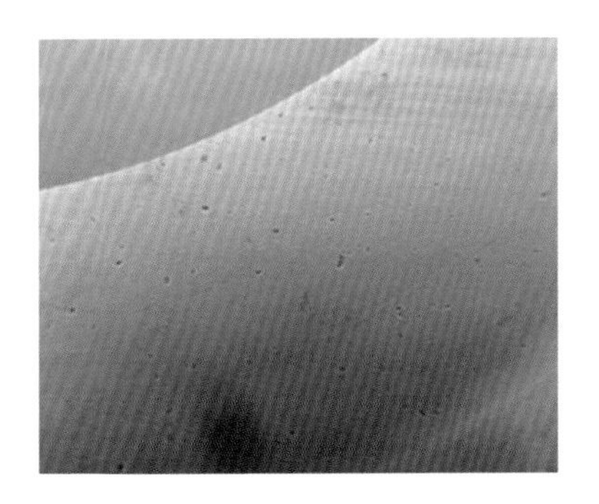

错误做法

正确做法

标准条款

《用标准孔板流量计测量天然气流量》(GB/T 21446—2008)第 6.1.2.2 条规定："孔板 A 面应无可见损伤。"

问题描述：流量计前后直管段水平方向不同轴。

错误做法

正确做法

标准条款

《用气体涡轮流量计测量天然气流量》(GB/T 21391—2008) 第 7.2.2 条规定："流量计及其紧邻的直管段在组装时应同轴。"

问题描述： 高级孔板阀温度测点距孔板超过 15D。

错误做法

正确做法

标准条款

《用标准孔板流量计测量天然气流量》（GB/T 21446—2008）第 5.3.8 条规定：“气流温度最好在孔板下游侧直管段外测得，它与孔板之间的距离可等于或大于 5D，但不得超过 15D。”

3.2 变送器

问题描述：变送器显示屏损坏。

错误做法

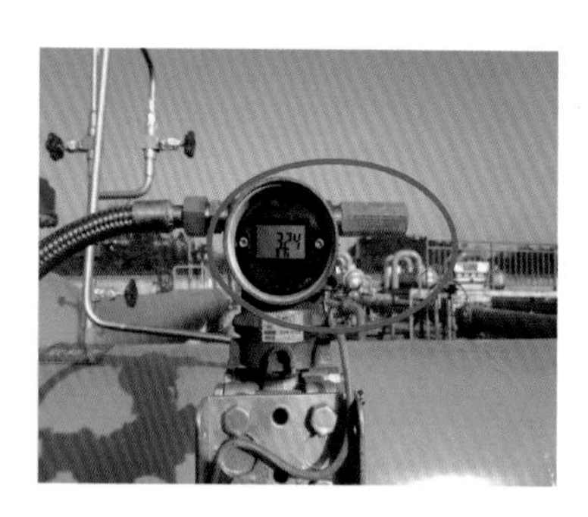

正确做法

标准条款

《压力变送器检定规程》(JJG 882—2019)第 6.1.4 条规定："压力变送器主体和部件应完好无损，紧固不得有松动和损伤现象，可动部分应灵活可靠。具有压力指示器(数字显示功能)的压力变送器，数字显示应清晰，不应有缺笔画现象。"

问题描述： 变送器取压回路中未采用直通式阀门。

错误做法

正确做法

标准条款

《用标准孔板流量计测量天然气流量》(GB/T 21446—2008) 附录 C 第 C.4.4 条规定：“取压回路采用直通式阀门及管件，其流通面积不应小于取压孔处所采用的取压短管的流通面积。”

问题描述：温度计伸入管道长度超过标准要求。

错误做法

正确做法

标准条款

《用标准孔板流量计测量天然气流量》(GB/T 21446—2008)附录 C 第 C.2.2 条规定："温度计套管或插孔管应伸入管道至公称内径的大约三分之一处，对于大口径管道(大于 300mm，温度计套管或插孔管会产生共振)温度计的设计插入深度应不小于 75mm。"

问题描述：信号电线采用单股铜芯线。

错误做法

正确做法

标准条款

《油气管道仪表及自动化系统运行技术规范》（SY/T 6069—2020）第7.3.6条规定："信号和电源的电缆/电线宜采用铜芯多股绞合软导体，它们的绝缘耐压等级应为额定电压的2倍且不小于500V。"

问题描述：铂电阻温度计未进行接地。

错误做法

正确做法

标准条款

《石油化工仪表接地设计规范》（SH/T 3081—2019）第 9.1.1 条规定："4.3.5 齐纳式安全栅应符合图 4.3.5 本安系统接地连接示意图。"

3.3 压力表

问题描述：压力仪表外壳锈蚀、面板罩损坏。

错误做法

正确做法

标准条款

《油气管道仪表及自动化系统运行技术规范》（SY/T 6069—2020）第 3.1.5 条规定："各种指针式仪表的表盘分度线、数字和其他标志应清晰完整，各部件完整，无锈蚀、无松动和无渗漏。"

问题描述：耐震压力表渗漏，底部积水。

错误做法

正确做法

标准条款

《油气管道仪表及自动化系统运行技术规范》（SY/T 6069—2020）第 3.1.5 条规定："各种指针式仪表的表盘分度线、数字和其他标志应清晰完整，各部件完整，无锈蚀、无松动和无渗漏。"

3.4 站控及流量计算机系统

问题描述：仪表机柜中布线零乱。

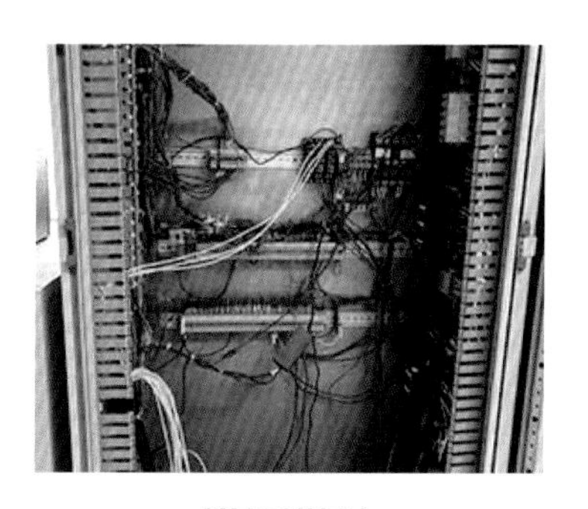

错误做法

正确做法

标准条款

《自动化仪表工程施工及质量验收规范》(GB 50093—2013)第7.1.3条规定："线路应按最短路径集中敷设，并应横平竖直、整齐美观，不宜交叉。敷设线路时，线路不应受到损伤。"

问题描述：仪表连接电缆中间有接头。

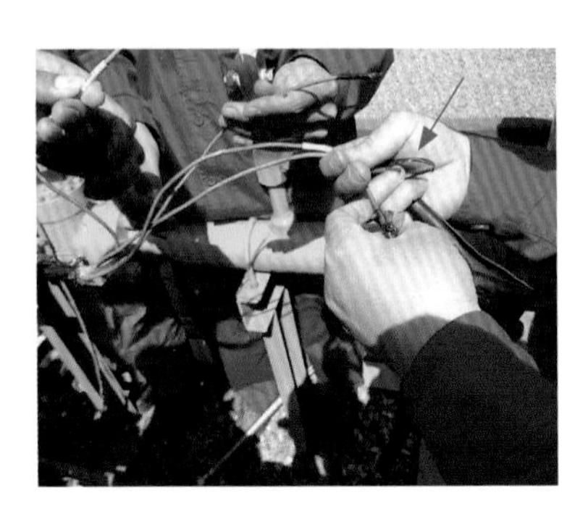

错误做法

正确做法

标准条款

《自动化仪表工程施工及质量验收规范》(GB 50093—2013)第 7.1.3 条规定："电缆不应有中间接头，当需要中间接头时，应在接线箱或接线盒内接线，接头宜采用压接。"

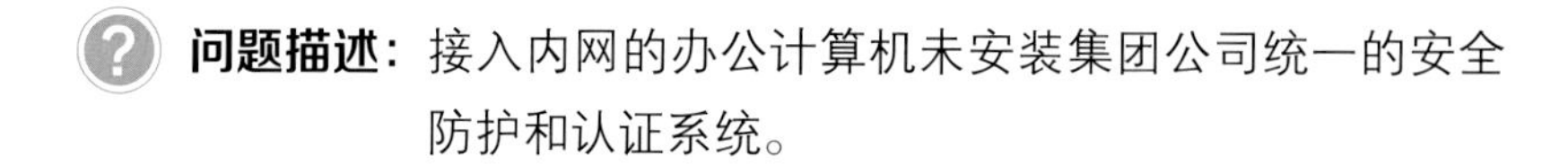

问题描述： 接入内网的办公计算机未安装集团公司统一的安全防护和认证系统。

```
[Inspect Result]
IPDate=10.89.65.50_20180606
LocalIP=10.89.65.50
InspectTime=2018-06-06 11:41:13
IfServer=0
renameadmin=F
disableguest=F
PwdComplexPolicy=F
PwdMinLength=F
PwdChangeLength=F
PwdForceHistory=F
LockBadAccount=F
RemoteShutDown=F
TakeOwnerShip=F
AuditLogonPolicy=F
AuditPolicyChange=F
AuditObjAccess=F
AuditDSAccess=F
AuditPriviledgeUse=F
AuditSystemEvents=F
AuditAccountManage=F
AuditProcessTracking=F
LogLength=F
Firewallvalue=F
AutoPlay=F
TianQing=F
VRVvalue=T
AutoShare=T
RemoteAssistance=F
RemoteDesktop=F
DEPvalue=F
passedNum=26
osversion=WIN_7
```

错误做法

```
[Inspect Result]
IPDate=10.89.65.50_20180606
LocalIP=10.89.65.50
InspectTime=2018-06-06 11:41:13
IfServer=0
renameadmin=T
disableguest=T
PwdComplexPolicy=T
PwdMinLength=T
PwdChangeLength=T
PwdForceHistory=T
LockBadAccount=T
RemoteShutDown=T
TakeOwnerShip=T
AuditLogonPolicy=T
AuditPolicyChange=T
AuditObjAccess=T
AuditDSAccess=T
AuditPriviledgeUse=T
AuditSystemEvents=T
AuditAccountManage=T
AuditProcessTracking=T
LogLength=T
Firewallvalue=T
AutoPlay=T
TianQing=T
VRVvalue=T
AutoShare=T
RemoteAssistance=T
RemoteDesktop=T
DEPvalue=T
passedNum=26
osversion=WIN_7
```

正确做法

标准条款

《中国石油西南油气田分公司信息安全管理办法》第五十二条规定："计算机设备接入办公网应符合集团公司安全规范，各单位负责对本单位接入办公网的计算机设备进行实名登记管理，设置密码保护，安装集团公司统一的安全防护和认证系统，实现端点准入和文档安全防护功能。每周要进行一次病毒扫描，每月要检查系统安全补丁的安装情况。"

问题描述： 自控机柜风扇电源线未绝缘。

错误做法

正确做法

标准条款

《低压机柜 第 4 部分：电气安全要求》（GB/T 22764.4—2008）第 4.1.3 条规定："绝缘应符合有关标准，并能长期耐受在运行中可能遇到的诸如机械的、化学的、电气及热的各种应力。"

站场供配电设备设施及防爆

4.1 配电设备设施

问题描述：插座未安装剩余电流动作保护装置。

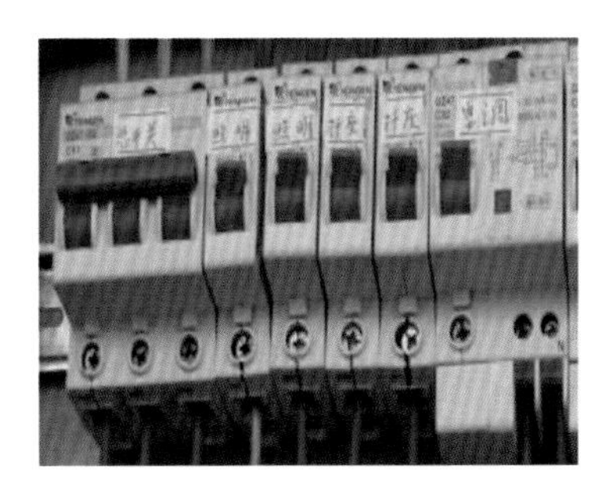

错误做法

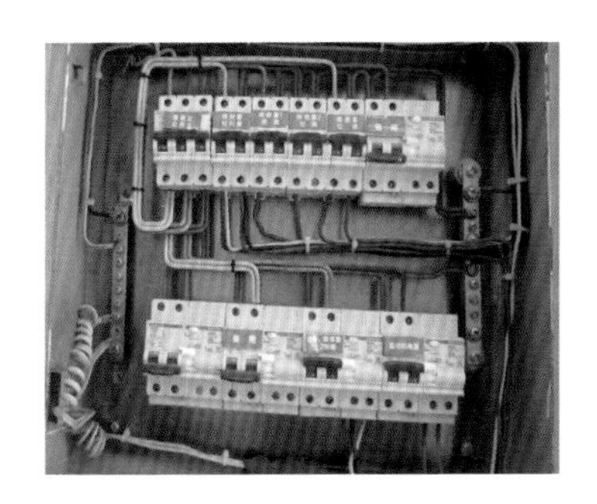

正确做法

标准条款

《剩余电流动作保护装置安装和运行》（GB/T 13955—2017）第 4.4 条规定："必须安装剩余电流保护装置的场所：机关、学校、宾馆、饭店、企事业单位和住宅等除壁挂式空调电源插座外的其他电源插座或插座回路。"

问题描述： 配电箱电缆出入口未密封。

错误做法

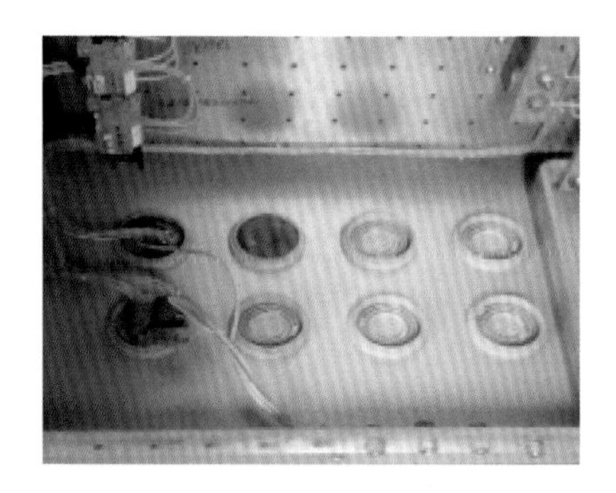

正确做法

标准条款

《建筑电气工程施工质量验收规范》(GB 50303—2015)第 13.2.2.8 条规定："电缆出入电缆沟，电气竖井，建筑物，配电（控制）柜、台、箱、盘处以及管子管口处等部位应采取防火或密封措施。"

问题描述： 照明配电箱缺箱盖。

错误做法

正确做法

标准条款

《建筑电气工程施工质量验收规范》(GB 50303—2015) 第 5.2.10.1 条规定：“照明配电箱 (盘) 应符合下列规定：暗转配电箱箱盖应紧贴墙面，箱 (盘) 图层应完整。”

问题描述：配电柜前未铺设绝缘胶垫。

错误做法

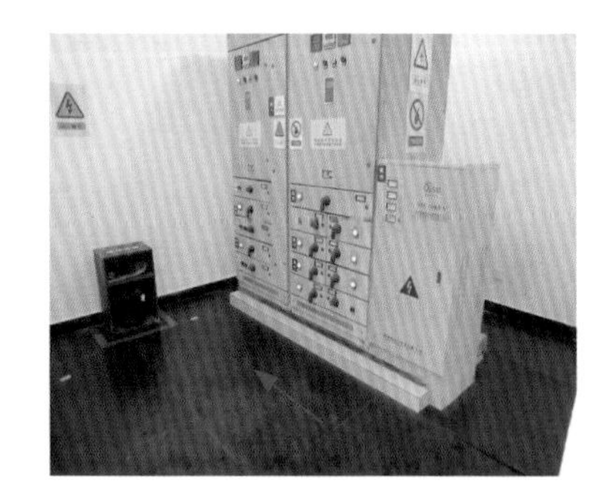

正确做法

标准条款

《陆上油气田油气集输安全规程》（SY/T 6320—2016）第9.5 条规定："配电间应有安全警示标志，配电柜前应铺设绝缘胶垫。"

问题描述：配电室进出门未设挡鼠板。

错误做法

正确做法

标准条款

《陆上油气田油气集输安全规程》(SY/T 6320—2016) 第 9.2 条规定："配电室应设应急照明，门应外开并能自动关闭，应设置挡鼠板。"

问题描述： 配电闸刀未挂运行状态标志。

错误做法

正确做法

标准条款

《陆上油气田油气集输安全规程》(SY/T 6320—2016) 第 9.6 条规定：“配电闸刀应挂‘运行’‘检修’‘禁止合闸’等标牌，并与运行状况一致。”

问题描述： 配电箱可开启门未可靠接地。

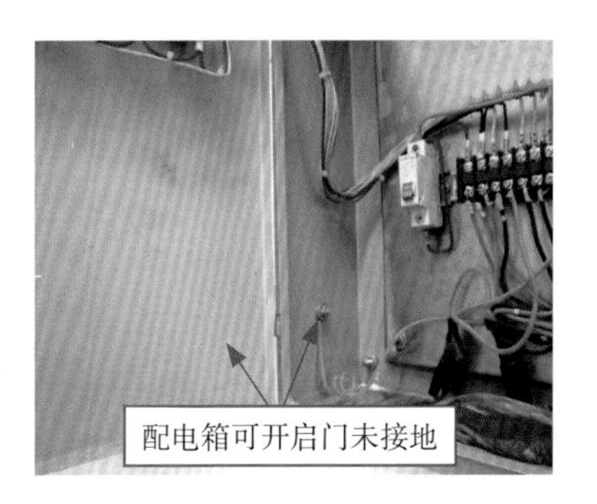

错误做法

正确做法

标准条款

《电气装置安装工程　盘、柜及二次回路接线施工及验收规范》（GB 50171—2012）第 7.0.5 条规定："装有电器的可开启的门应采用截面不小于 4mm^2 且端部压有终端附件的多股软铜线与接地的金属构架可靠连接。"

问题描述：油浸式变压器漏油。

错误做法

正确做法

标准条款

《配电变压器运行规程》(DL/T 1102—2009) 第 5.1.4a) 条规定：“变压器的油温和温度计应正常，变压器油位、油色应正常，各部位无渗油、漏油。”

4.2 设备防火防爆

问题描述：防爆配电箱线缆孔未做封堵。

错误做法

正确做法

标准条款

《电气装置安装工程　爆炸和火灾危险环境电气装置施工及验收规范》(GB 50257—2014)第4.1.4条规定："防爆电气设备多余的进线口其弹性密封圈和金属垫片、封堵件应齐全，且安装牢固，密封良好。"

问题描述：防爆挠性连接管破损，连接不规范。

错误做法

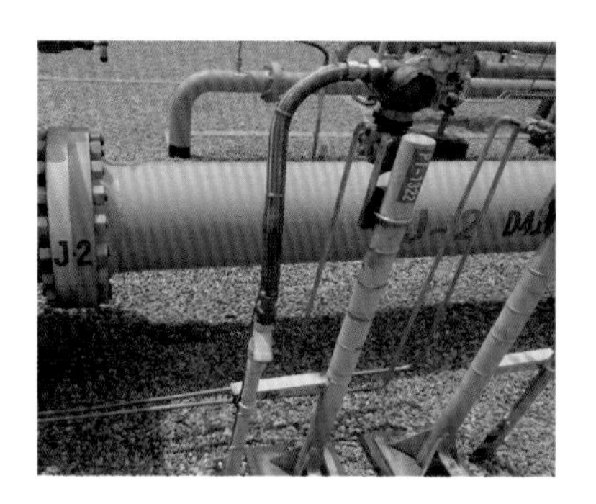

正确做法

标准条款

《电气装置安装工程 爆炸和火灾危险环境电气装置施工及验收规范》（GB 50257—2014）第 5.3.7 条规定："防爆挠性连接管应无裂纹、孔洞、机械损伤、变形等缺陷。"

问题描述： 电机进线口未使用防爆挠性管。

错误做法

正确做法

标准条款

《电气装置安装工程　爆炸和火灾危险环境电气装置施工及验收规范》（GB 50257—2014）第 5.3.6 条规定："钢管配线应在下列各处装设防爆挠性连接管：1. 电机的进线口。"

问题描述：防爆挠性连接管裂纹、断裂。

错误做法

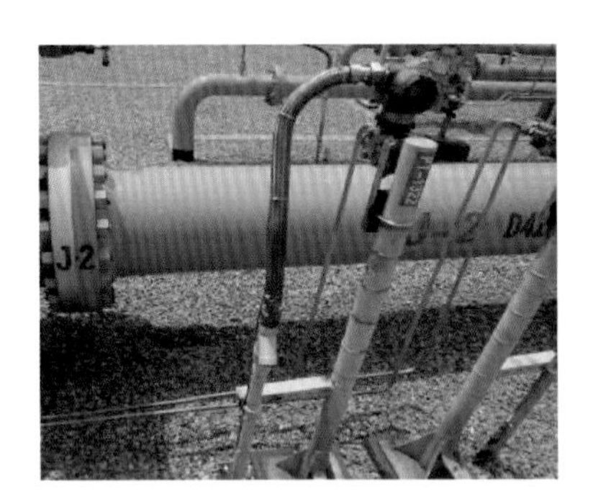

正确做法

标准条款

《电气装置安装工程　爆炸和火灾危险环境电气装置施工及验收规范》(GB 50257—2014)第 5.3.7 条规定："防爆挠性连接管应无裂纹、孔洞、机械损伤、变形等缺陷。"

问题描述： 工艺区内设置非防爆配电箱。

工艺区内设置非防爆配电箱

错误做法

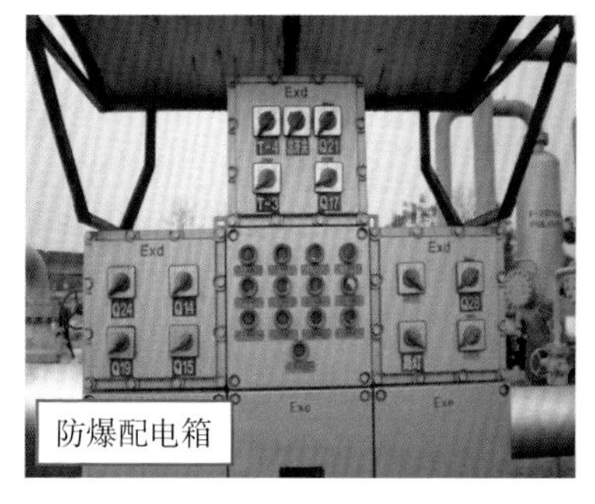

防爆配电箱

正确做法

标准条款

《石油天然气钻井、开发、储运防火防爆安全生产技术规程》（SY/T 5225—2019）第7.1.2.1条规定：“原油集输、处理、储运系统爆炸危险区域内的电器设施应采用防爆电器。”

问题描述：机动车辆进入生产区，排气管未戴阻火器。

错误做法

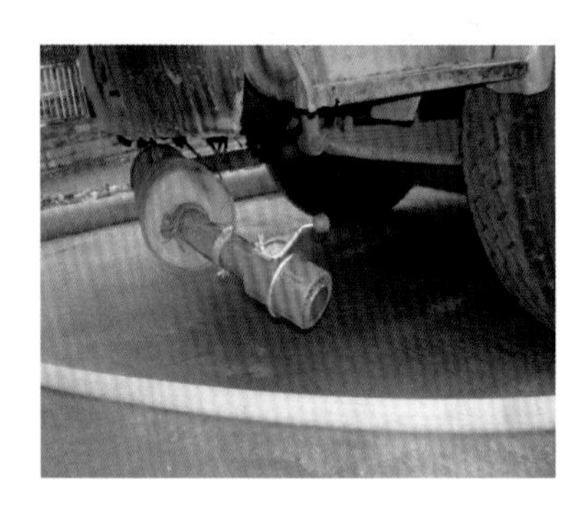

正确做法

标准条款

《石油天然气钻井、开发、储运防火防爆安全生产技术规程》(SY/T 5225—2019)第7.1.2.6条规定："机动车辆进入生产区，排气管应戴阻火器。"

4.3 防雷、防静电

问题描述：防爆配电箱金属箱体未接地。

错误做法

正确做法

标准条款

《爆炸性环境　第 15 部分：电气装置的设计、选型和安装》(GB 3836.15—2017) 第 6.3.1 条规定："危险场所电气安装要求电位均衡。对于 TN、TT 和 IT 系统，所有裸露的外部导体部件应于等电位连接系统连接。等电位连接系统可包括保护线、金属导管、金属电缆护套、钢丝铠装和结构的金属件，但不应包括中性线。"

问题描述： 场站钢制棚未做接地。

错误做法

正确做法

标准条款

《防止静电事故通用导则》(GB 12158—2006)第 6.1.2 条规定："使静电荷尽快对地消散：在静电危险场所，所有属于静电导体的物体必须接地。对金属物体应采用金属导体与大地作导通性连接。"

问题描述： 站场大门处摄像头防爆接线箱金属外壳接地处接线柱无垫片防松措施。

错误做法

正确做法

标准条款

《中国石油西南油气田分公司油气设施防雷防静电安全管理实施细则》（西南司生〔2016〕78 号）第 18 条（一）规定："紧固螺栓有防松措施，无松动和锈蚀。"

问题描述：排污池呼吸管未接地。

错误做法

正确做法

标准条款

《石油与石油设施雷电安全规范》（GB 15599—2009）第4.7.4 条规定：“地埋管道上应设置接地装置，并经隔离器或去耦合器与管道连接，接地装置的接地电阻应小于 30Ω。”

问题描述：阀门四孔法兰未做等电位连接。

错误做法

正确做法

标准条款

《中国石油西南油气田分公司油气设施防雷防静电安全管理实施细则》(西南司生〔2016〕78号)第42条规定："当油气管线长金属物的弯头、阀门、法兰盘等连接处的过渡电阻大于0.03Ω时，连接处应用金属线跨接。对于不少于5个螺栓连接的法兰盘，非腐蚀环境下可以不跨接。"

问题描述： 避雷带断裂。

错误做法

正确做法

标准条款

《建筑物防雷设计规范》(GB 50057—2010) 第 4.3 条规定："第二类建筑物外部防雷措施，宜采用装设在建筑物上的接闪网、接闪带或接闪杆，接闪器之间应相互连接。"

问题描述：防雷引下线断接卡距地面高度超过 1.0m。

错误做法

正确做法

标准条款

《石油与石油设施雷电安全规范》(GB 15599—2009)第 4.1.2 条规定："引下线在距地面 0.3～1.0m 之间装设断接卡，用两个型号为 M12 的不锈钢螺栓加防松垫片连接。"

问题描述：独立接闪杆上安装有照明电气设备。

错误做法

正确做法

标准条款

《建筑物防雷设计规范》(GB 50057—2010)第 4.5.8 条规定："在独立接闪杆、架空接闪线、架空接闪网的支柱上，严禁悬挂电话线、广播线、电视接收天线及低压架空线等。"

问题描述：变送器接地线脱落。

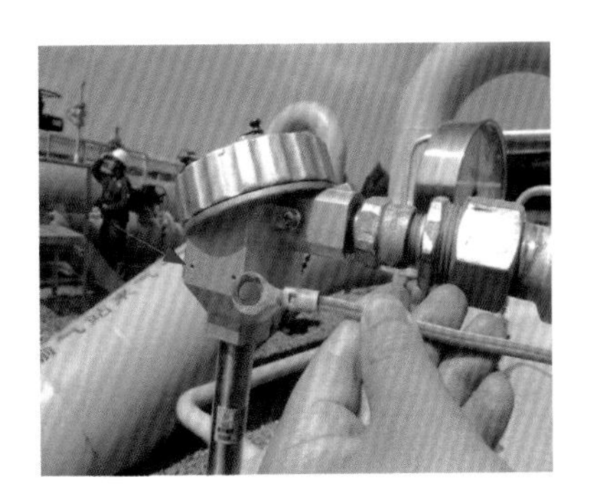

错误做法

正确做法

标准条款

《防止静电事故通用导则》（GB 12158—2006）第 6.1.2 条规定："使静电荷尽快对地消散：在静电危险场所，所有属于静电导体的物体必须接地。对金属物体应采用金属导体与大地作导通性连接。"

问题描述：驱动头金属外壳未接地。

错误做法

正确做法

标准条款

《防止静电事故通用导则》(GB 12158—2006) 第 6.1.2 条规定："使静电荷尽快对地消散：在静电危险场所，所有属于静电导体的物体必须接地。对金属物体应采用金属导体与大地作导通性连接。"

问题描述：站场大门未接地。

错误做法

正确做法

标准条款

《输气管道站场雷电防护技术规范》（Q/SY XQ 186—2015）第 7.2.8 条规定：“对场站金属大门应采用截面积不小于 $16mm^2$ 的多股铜芯导线做接地处理。”

气质分析及危化品管理

5.1 天然气气质分析设备

问题描述： 硫化氢分析小屋使用压缩气瓶未设置标牌。

错误做法

正确做法

标准条款

《西南油气田分公司安全目视化管理规定》第二十一条规定："盛装危化品的器具应分类摆放，并设置标牌，标牌内容应参照危化品技术说明书确定，包括化学品名称、主要危害及安全注意事项等基本信息。"

问题描述：气瓶无定期检验标识。

错误做法

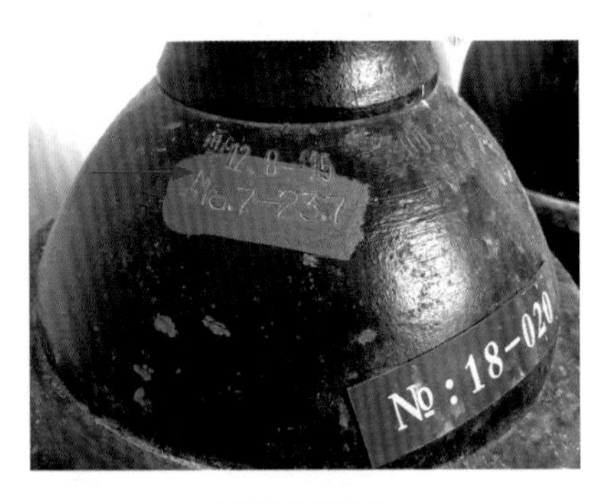

正确做法

标准条款

《气瓶安全技术规程》(TSG 23—2021) 第 1.8.2 条规定："气瓶定期检验机构应当在检验合格的气瓶上逐只做出永久性的检验合格标志，涂敷检验机构名称和下次检验日期（无法涂敷的气瓶可用检验标志代替）。"

问题描述： 气瓶立放时未进行固定。

错误做法

正确做法

标准条款

《气瓶安全技术规程》（TSG 23—2021）第 8.6.9（6）条规定："立放时，要妥善固定，防止气瓶倾倒。"

问题描述： 气瓶无充装产品合格标签。

错误做法

正确做法

标准条款

《气瓶安全技术规程》(TSG 23—2021)第 8.6.2(1)条规定："充装单位应当在充装检查合格的气瓶上，牢固粘贴充装产品合格标签，标签上至少注明充装单位名称和电话、气体名称、实际充装量、充装日期和充装检查人员代号。"

5.2 危化品、气瓶存储使用

问题描述：实验室用冰箱无“禁止用于个人食品和饮料”的标识。

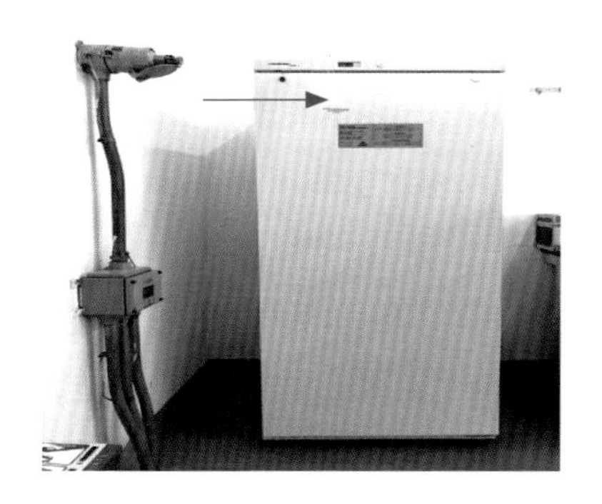

错误做法

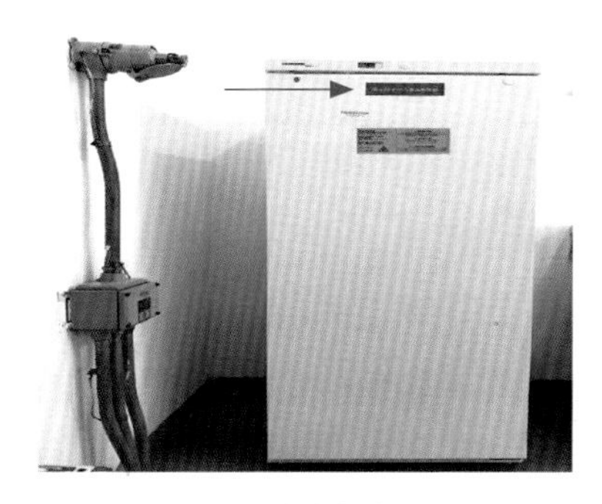

正确做法

标准条款

《检测实验室安全　第 5 部分：化学因素》(GB/T 27476.5—2014) 第 5.3.11 a) 条规定：“在实验室内使用的冰箱、冷柜、电炉或微波炉等应有禁止用于个人食品和饮料的标识。”

问题描述： 取样气瓶散乱堆放。

错误做法

正确做法

标准条款

《检测实验室安全　第 3 部分：机械因素》(GB/T 27476.3—2014) 第 5.6.5.2.4 (d) 条规定："气瓶应直立存放，或被置于合适的支架上。"

 **问题描述**：钢瓶无保护罩。

错误做法

正确做法

标准条款

《气瓶安全技术规程》(TSG 23—2021)第 7.3.3 条规定："公称容积小于或者等于 5L 的钢质无缝气瓶和公称容积小于或者等于 15L 的铝合金无缝气瓶的保护罩，可以用工程塑料制造。"

问题描述：存放化学品的场所未配置灭火器。

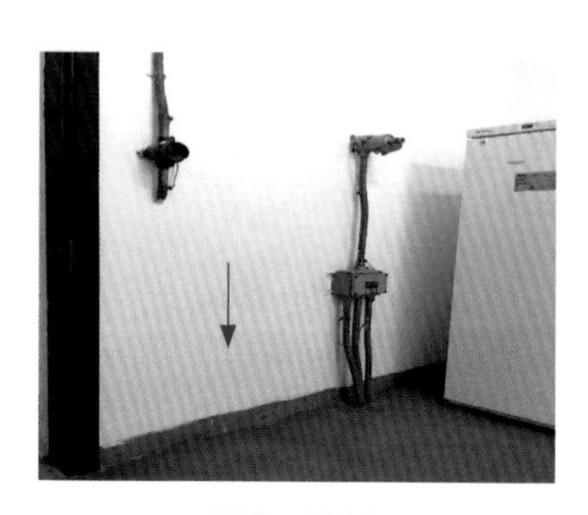

错误做法

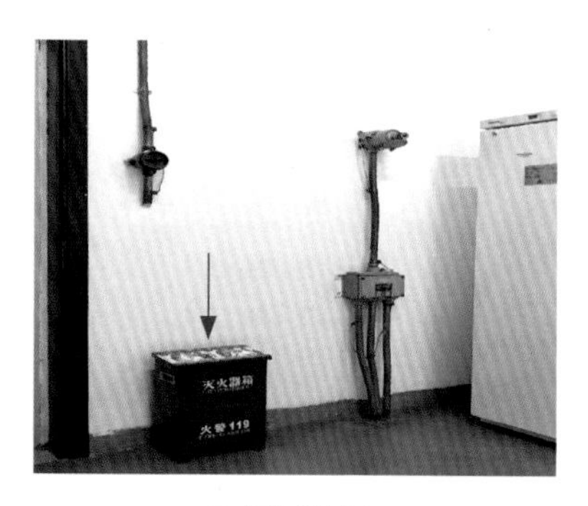

正确做法

标准条款

《检测实验室安全　第 5 部分：化学因素》（GB/T 27476.5—2014）第 5.3.3 条规定："实验室危险化学品存储、使用、废物暂存场所应配备灭火器（必要时应配备自动灭火器）及通信、报警系统，并保证处于适用状态。"

安全防护设备设施

6.1 安全防护设备及措施

问题描述：钢直爬梯未设置护笼。

错误做法

正确做法

标准条款

《固定式钢梯及平台安全要求　第一部分：钢直梯》（GB 4053.1—2009）第5.3.2条规定："梯段高度大于3m时宜设置安全护笼。单梯段高度大于7m时，应设置安全护笼。"

 **问题描述**：配电室排风扇无防护网罩。

错误做法

正确做法

标准条款

《陆上油气田油气集输安全规程》（SY/T 6320—2016）第 3.3.6 条规定："机电设备转动部位应有防护罩，并安装可靠。"

问题描述：机电设备转动部位无防护。

错误做法

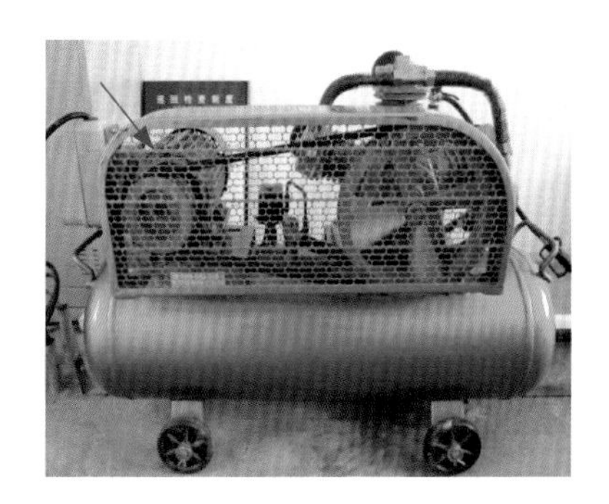

正确做法

标准条款

《陆上油气田油气集输安全规程》（SY/T 6320—2016）第3.3.6条规定："机电设备转动部位应有防护罩，并安装可靠。"

6.2 安防周界系统

问题描述：站场监控系统损坏。

错误做法

正确做法

标准条款

《石油企业现场安全检查规范 第 10 部分：天然气集输站》(Q/SY 08124.10—2016) 第 5.2.17.3 条规定："站场视频监控系统应每周进行检查，确保正常工作。"

问题描述：站场周界滚刀钢网损坏。

错误做法

正确做法

标准条款

《西南油气田分公司生产作业场所安全管理规定》(西南司安质环发〔2003〕69号)第十三条规定："生产作业场所配备的各种安全设施、设备及检测仪器、仪表应当定期进行维护、保养、检测，保证良好的技术状态，维护、保养、检测应作好记录。"

6.3 消防设备设施

问题描述：一个计算单元配置的灭火器少于 2 具。

错误做法

正确做法

标准条款

《建筑灭火器配置设计规范》(GB 50140—2005) 第 6.1.1 条规定："一个计算单元内配置的灭火器数量不得少于 2 具。"

问题描述：灭火器铅封损坏或缺失。

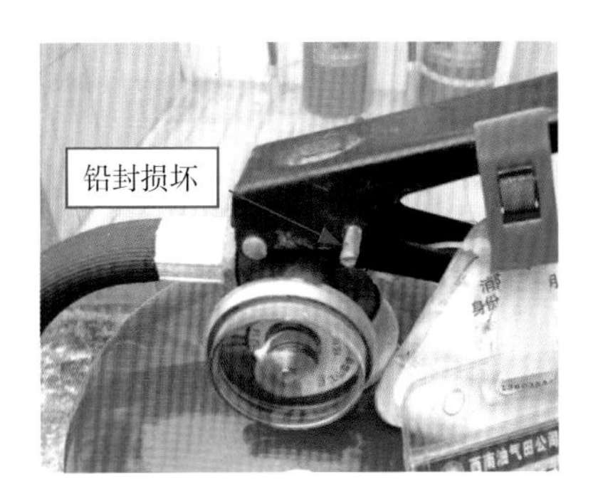

错误做法

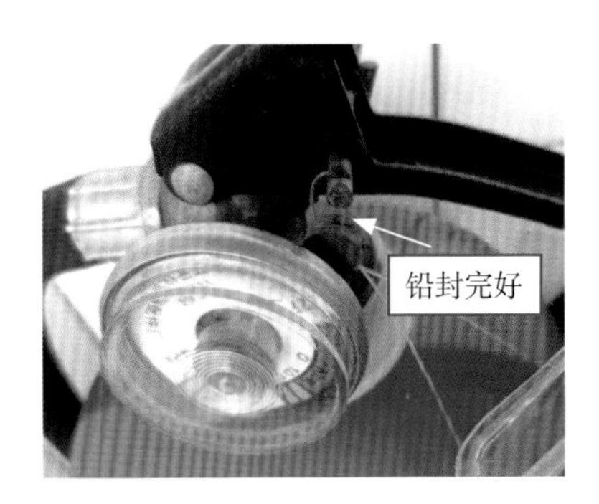

正确做法

标准条款

《建筑灭火器配置验收及检查规范》(GB 50444—2008)第 2.2.1.5 条规定：“灭火器的保险装置应完好。”

问题描述： 喷射软管有变形、龟裂。

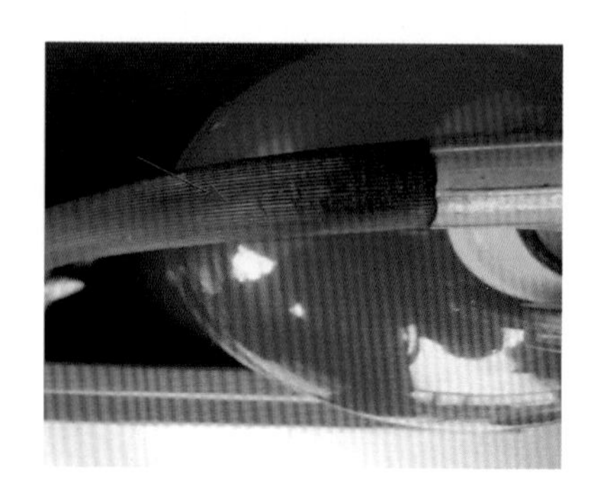

错误做法

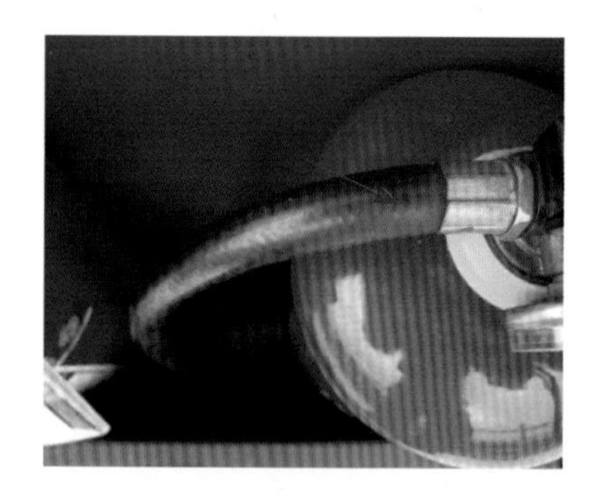

正确做法

标准条款

《灭火器维修》（XF 95—2015）第 6.6.3 条规定："有下列缺陷的零部件应作更换：g）喷射软管有变形、龟裂、断裂等缺陷。"

问题描述：推车式灭火器喷射控制阀（喷枪）损坏。

错误做法

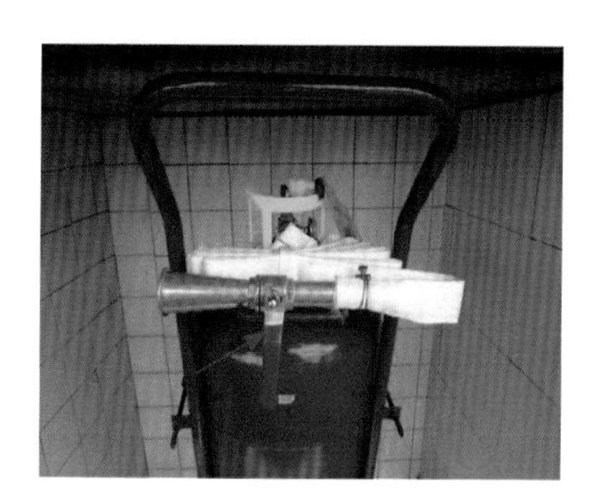

正确做法

标准条款

《灭火器维修》（XF 95—2015）第 6.6.3 条规定："有下列缺陷的零部件应作更换：h）喷射控制阀（喷枪）损坏。"

问题描述：灭火器锈蚀。

错误做法

正确做法

标准条款

《灭火器维修》（XF 95—2015）第 6.6.3 条规定：“有下列缺陷的零部件应作更换：b）灭火器的压把、提把等金属件有严重损伤、变形、锈蚀等影响使用的缺陷。”

问题描述： 现场配置的二氧化碳灭火器使用的为干粉灭火器说明标识。

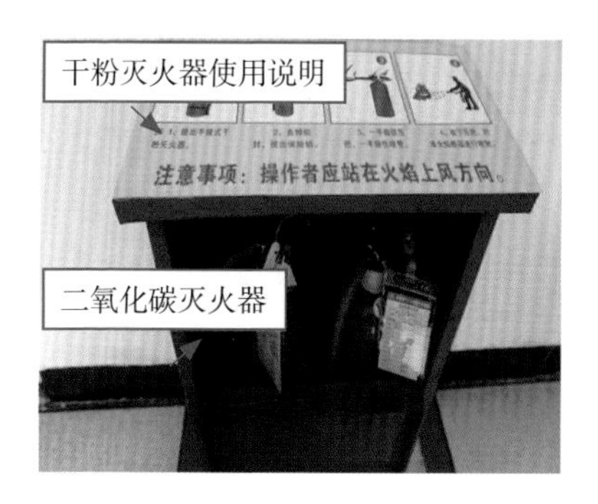

错误做法

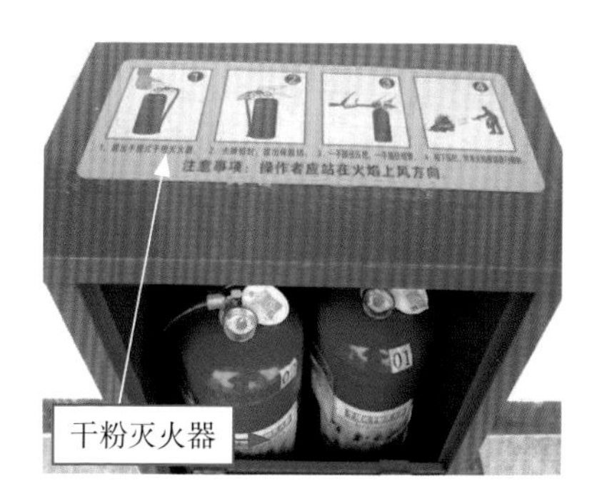

正确做法

标准条款

《西南油气田分公司安全目视化管理规定》第二十六条规定：“生产作业现场长期使用的消防器材、逃生和急救设施等物件，应根据……标识应与其对应的物件相符，并易于辨别。”

问题描述： 灭火器箱未做定置化标识。

错误做法

正确做法

标准条款

《西南油气田分公司安全目视化管理规定》第二十六条规定："生产作业现场长期使用的消防器材、逃生和急救设施等物件，应根据需要摆放在指定的安全位置。应对物件摆放的位置做出标识（可在周围画线或以文字标识）。"

站场附属设备设施

7.1 生活用气设备设施

问题描述：生活自用气压力超过 3.0kPa。

错误做法

正确做法

标准条款

《城镇燃气设计规范（2020 年版）》（GB 50028—2006）第 10.4.1 条规定："居民生活的各类用气设备应采用低压燃气，用气设备前（灶前）的燃气压力应在 0.75～1.5P_n 的范围内（P_n 为燃具的额定压力，天然气灶具额定压力为 2.0kPa）。"

问题描述： 燃气灶连接软管超过 2m。

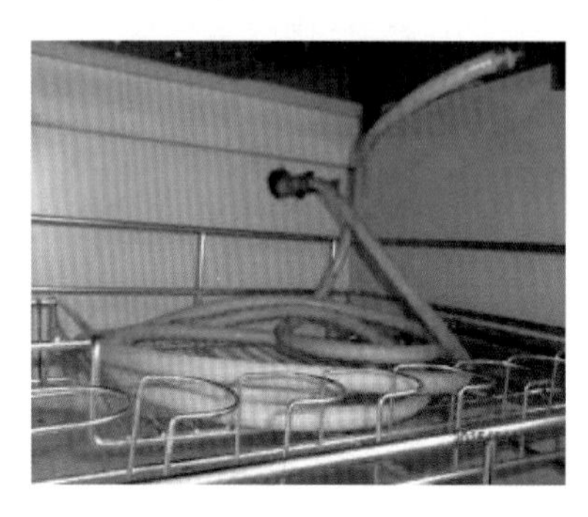

错误做法

正确做法

标准条款

《城镇燃气设计规范（2020 年版）》（GB 50028—2006）第 10.2.8.5 条规定："软管与家用燃具连接时，其长度不应超过 2m，并不得有接口。"

问题描述： 燃气热水器烟气未排出室外。

错误做法

正确做法

标准条款

《城镇燃气设计规范（2020 年版）》（GB 50028—2006）第 10.7.1 条规定："燃气燃烧所产生的烟气必须排出室外。"

问题描述： 生活用气天然气调压箱距离厨房窗户不足 1.5m。

错误做法

正确做法

标准条款

《城镇燃气设计规范（2020 年版）》（GB 50028—2006）第 6.6.4.1 2）条规定："调压箱到建筑物的门、窗或其他通向室内的孔槽的水平净距应符合下列规定：（1）当调压器进口燃气压力不大于 0.4MPa 时，不应小于 1.5m。"

7.2 其他设备设施

问题描述：有故障梯子未贴“禁止使用”标签。

在故障梯子未贴“禁止使用”标签

错误做法

正确做法

标准条款

《便携式梯子使用安全管理规范》（Q/SY 08370—2020）第 5.2.3 条规定：“有故障的梯子应停止使用，贴上‘禁止使用’标签，并及时修理。”

管道防腐及阴极保护

8.1 防腐间及阴保机

问题描述：恒电位仪无状态标识。

错误做法

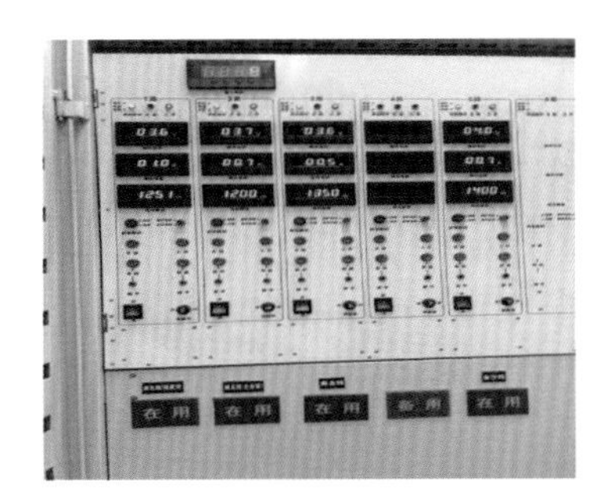

正确做法

标准条款

《西南油气田分公司输气管道标准化图册》第 6 章 1.2.1 条规定：“恒电位仪状态标识分为‘在用’和‘备用’两类；‘在用’开关牌为绿色，‘备用’开关牌为红色；当月使用的机体正面贴‘在用’，未使用的机体正面贴‘备用’。”

8.2 阳极地床设置

问题描述： 深井阳极地床未安装排气管。

错误做法

正确做法

标准条款

《埋地钢质管道阴极保护技术规范》(GB/T 21448—2017)第 5.2.2.2 条规定："深井阳极地床应安装非金属耐氯材料制造的排气管，缓解阳极与导电填料间产生气阻。"

问题描述： 浅埋阳极地床无永久性地床标识桩。

错误做法

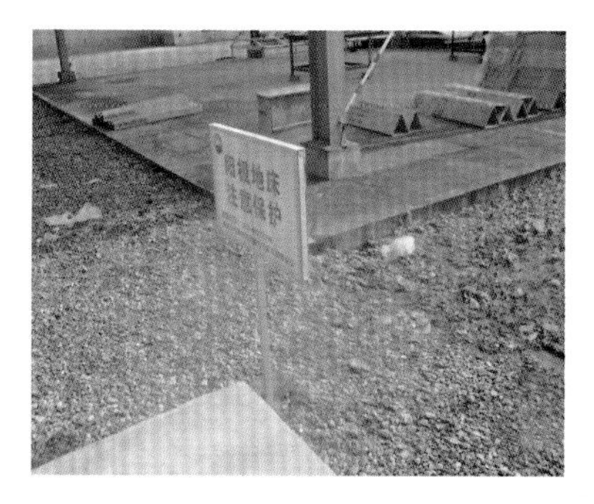

正确做法

标准条款

《埋地钢质管道阴极保护技术规范》(GB/T 21448—2017) 第 5.2.3.2 条规定：“浅埋阳极地床首末端应设置永久性地床标识。”

8.3 阴极保护测试及仪器仪表

问题描述： 硫酸铜参比电极溶液不饱和。

错误做法

正确做法

标准条款

《输气管道管理规范》(Q/SY XN 0180—2015) 第 7.2.2.7 条规定："每月检查一次测量参比的铜棒光亮度、电液是否变质、电液是否饱和等，有问题应及时处理。"

问题描述：测试电缆线与测试桩体相碰。

错误做法

正确做法

标准条款

《输气管道管理规范》(Q/SY XN 0180—2015) 第 7.2.3.4 条规定："阴极保护测试桩测试电缆线与桩体不能相碰。"

问题描述： 阴极保护测试桩门损坏。

错误做法

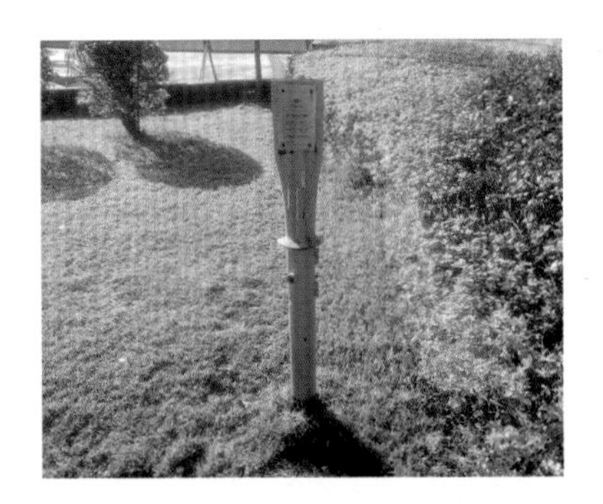

正确做法

标准条款

《输气管道管理规范》(Q/SY XN 0180—2015) 第 5.1.5 条规定："管道的里程桩、标志桩、测试桩及阴极保护站的阳极线路应处于完好状态。"

问题描述： 线路测试桩无编号。

错误做法

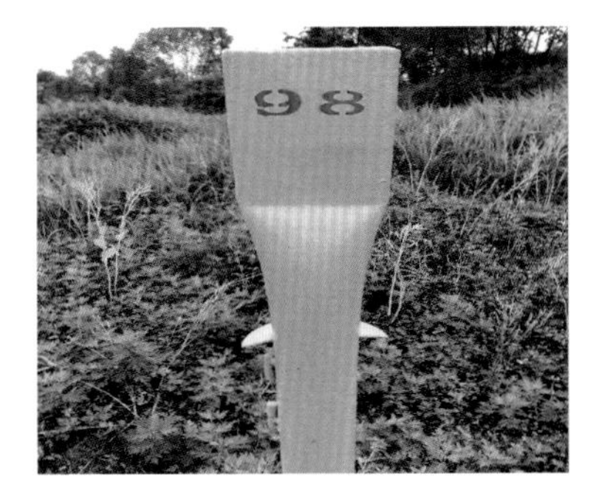

正确做法

标准条款

《西南油气田分公司输气管道标准化图册》第四章线路标识第 4.2.1 条规定："线路测试桩编号：按照投运时顺气流方向自起点至终点站场以阿拉伯数字连续编号。"

问题描述： 绝缘接头没有测试装置。

错误做法

正确做法

标准条款

《埋地钢质管道阴极保护技术规范》(GB/T 21448—2017)第 4.2.1.3 条规定："绝缘接头安装处应设置测试设施。"

问题描述：测量管地电位时，万用表表笔接线错误。

错误做法

正确做法

标准条款

《埋地钢质管道阴极保护参数测量方法》（GB/T 21246—2020）第 4.5.2 条规定："当采用直流指针式电压表测量管地电位时，应将电压表的负接线柱与管道连接，正接线柱与硫酸铜电极连接。"

问题描述：测量土壤电阻率时，电极摆放不符合要求。

错误做法

正确做法

标准条款

《埋地钢质管道阴极保护参数测量方法》（GB/T 21246—2020）第 10.2.2 b）条规定："根据确定的间距将测量仪的四个电级布置在一条直线上，电极入土深度应小于 $a/20$。"

8.4 管道及设备绝缘防腐

问题描述： 管道防腐层脱落。

错误做法

正确做法

标准条款

《输气管道防腐技术管理规定》(Q/SY XN 0213—2017)第 5.3.2 条规定："管道防腐层应保证良好的连续性和完整性。"

问题描述： 放空立管出入地端未做防腐。

错误做法

正确做法

标准条款

《油气长输管道工程施工及验收规范》(GB 50369—2014) 第 11.0.5 条规定："管道出、入土的防腐层应高出地面 100mm 以上，应在地面交界处的管外采取包覆热收缩套或其他防护性措施。"

问题描述：管道防腐层外表面起泡。

错误做法

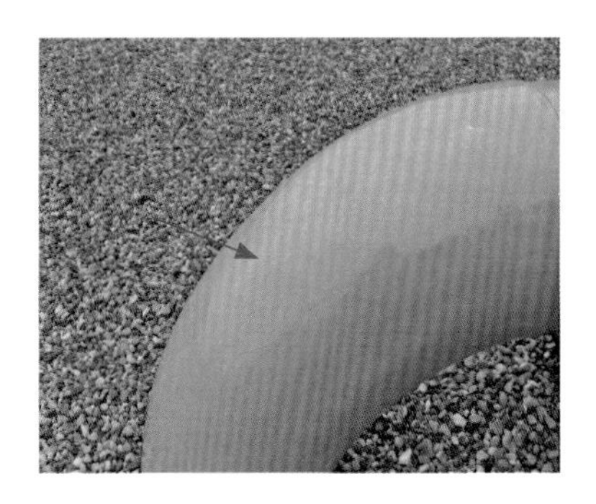

正确做法

标准条款

《油气长输管道工程施工及验收规范》(GB 50369—2014)第11.0.3条规定："防腐层的外表面应平整，无漏涂、褶皱、流淌、气泡和针孔等缺陷……"

管道线路及附属设施巡护

9.1 阀室（阀井）及放空区巡护

问题描述： 室内阀室干线截断球阀中腔放空、排污管线未引出室外。

错误做法

正确做法

标准条款

《输气管道工程设计规范》（GB 50251—2015）第 3.4.8.1 条规定：“阀室宜设置放空立管，室内安装的截断阀的放散管应引至室外。”

问题描述：阀室警示标识缺失。

错误做法

正确做法

标准条款

《西南油气田分公司输气管道标准化图册》第五章、阀室（阀井）标识第 1.1.4 条规定："阀室两面外墙上使用红色喷涂（或贴字）'输气场所 200m 范围内禁止燃放烟花爆竹'等字样。"

问题描述：监视阀室无固定式可燃气体检测仪。

错误做法

正确做法

标准条款

《石油天然气工程可燃气体检测报警系统安全规范》(SY/T 6503—2016)第4.3条规定："位于边远地区且无人值守、功能简单的小型石油天然气站场(除甲A类外)如小型油气计量站、输油输气管道阀室等，在有数据通信时，宜设置固定式检测器；无数据通信时，可不设固定式检测器，应为巡检人员配置便携式检测报警器。"

问题描述：放空区钢丝绳夹安装方向错误。

错误做法

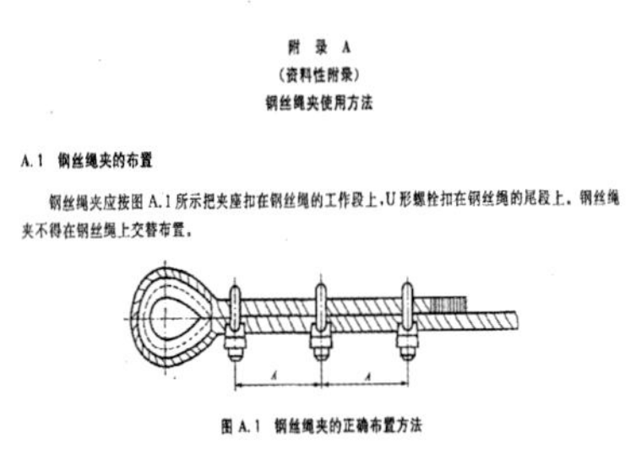

附 录 A
（资料性附录）
钢丝绳夹使用方法

A.1 钢丝绳夹的布置

钢丝绳夹应按图 A.1 所示把夹座扣在钢丝绳的工作段上，U 形螺栓扣在钢丝绳的尾段上。钢丝绳夹不得在钢丝绳上交替布置。

图 A.1 钢丝绳夹的正确布置方法

正确做法

标准条款

《钢丝绳夹》（GB/T 5976—2006）附录 A.1 规定：“钢丝绳夹应按图 A.1 所示把夹座扣在钢丝绳的工作段上，U 形螺栓扣在钢丝绳的尾段上。钢丝绳夹不得在钢丝绳上交替布置。”

9.2 管道线路附属设施

问题描述： 测试桩无铭牌。

错误做法

正确做法

标准条款

《西南油气田分公司输气管道标准化图册》要求："管道测试桩宜设置铭牌标志。"

问题描述：线路里程桩号、里程等信息缺失。

错误做法

正确做法

标准条款

《中国石油西南油气田分公司输气管道巡护管理办法》第二十五条规定："巡线人员应密切关注管道沿线地貌变化、管道及附属设施的完好性、保护范围内的施工作业以及可视范围内周边社会活动等情况。对管道附属设施进行必要的、力所能及的维护。"

问题描述：管道途径堡坎垮塌。

错误做法

正确做法

标准条款

《输气管道巡护管理指导意见》第三十一条规定："对管道附属设施标志标识进行外观观察，确认标识准确、无缺损，标志、字迹清晰，充分起到警示告知作用。对护坡、堡坎进行外观观察，确认质量完好，着色鲜艳，无遮挡。"

问题描述： 堡坎未编号。

错误做法

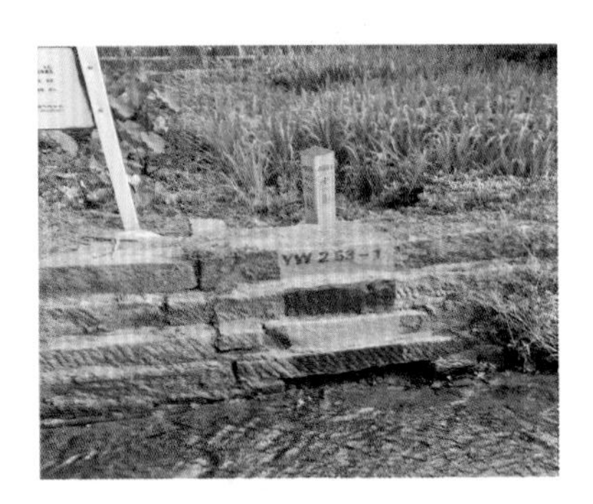

正确做法

标准条款

《西南油气田分公司输气管道标准化图册》护坡堡坎规格与内容：“露出地面超过三塄条石（含三塄条石）的着色堡坎，或露出地面超过 1m（含 1m）的着色护坡均须编号。”

9.3 特殊地区及高后果区巡护

问题描述：高后果区无警示桩、地面标志、风险导向图等。

错误做法

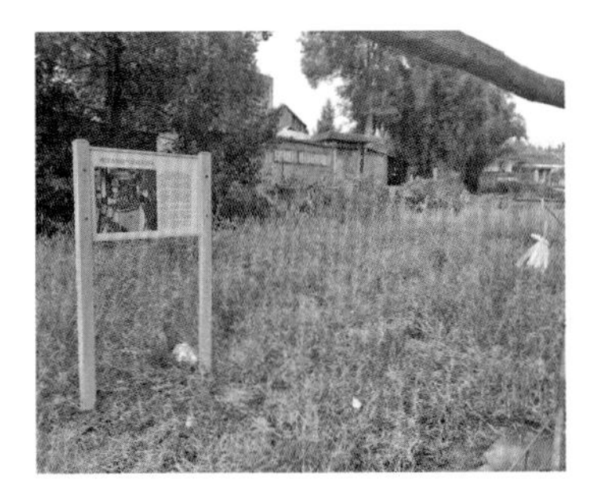

正确做法

标准条款

《西南油气田分公司输气管道标准化图册》第 10 章第 10.2 条规定："管道经过的所有高后果区域、镇（村）等人口密集区均应设置区域管道风险导图，设置位置应选择人口密集区段的起始和中部位置，设置数量和位置可根据现场实际适当微调。"

问题描述： 公路穿越管道处未设置警示牌。

错误做法

正确做法

标准条款

《西南油气田分公司输气管道标准化图册》第 1 章第 1.4.2 条规定："穿越三级、四级公路或穿越公路长度小于 50m 时，应在公路一侧、输送介质流向上游处设置标识桩，若遇排水沟，标识桩宜设置在公路排水沟外侧 1m 处。"

9.4 第三方施工监控点

问题描述： 管道第三方施工现场警示带、标示桩未按照要求设置和布置。

错误做法

正确做法

标准条款

《西南油气田分公司输气管道巡护手册》附属设施巡护标准："第三方施工影响管段加密设置临时标志桩，密度不低于1个/10m，且要在管线中心线两侧5m、10m处分别设置警戒线，直至第三方施工结束。"

问题描述：第三方施工区域警戒隔离不规范。

错误做法

正确做法

标准条款

《西南油气田分公司输气管道标准化图册》第七条施工现场标识规定："标识警示方式包括但不限于：管道上方标志桩加密、施工范围警示带隔离，施工范围警示杆隔离，施工路径及施工范围内警示牌提示，施工范围钢管构件加隔离网隔离，施工范围隔离板隔离，施工范围修筑隔离墙等方式。"

站场安装及线路施工

10.1 站场安装施工作业

问题描述： 现场管材堆放不规范。

错误做法

正确做法

标准条款

《西南油气田分公司油气田地面建设工程施工现场规范化管理实施细则（试行）》（站场分册）第 5.3.1 条规定："弯管、弯头按照同管径、同壁厚、同材质、同曲率半径分类堆放。"

问题描述： 脚手架底层未设置有效安全隔离的专用通道。

错误做法

正确做法

标准条款

《西南油气田分公司油气田地面建设工程施工现场规范化管理实施细则（试行）》（站场分册）第 11.3.10 条规定："具备行人通行的脚手架底层应采取有效安全隔离措施。"

问题描述：发电机旁存放油桶。

错误做法

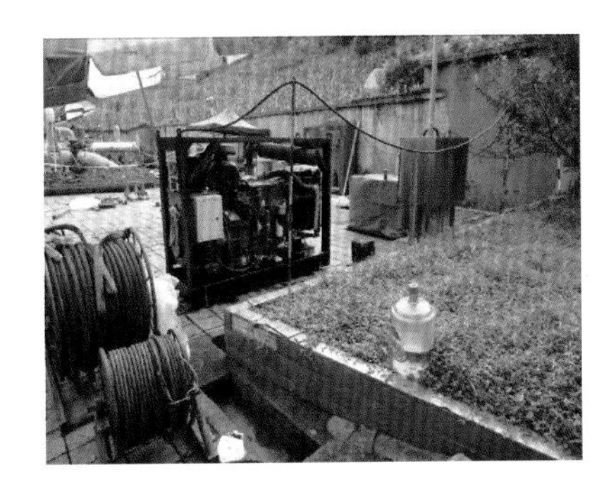

正确做法

标准条款

《西南油气田公司临时用电作业安全管理规定》第十九条第（五）款规定："在距配电箱、开关及电焊机等电气设备 15m 范围内，不应存放易燃、易爆、腐蚀性等危险物品的要求。"

问题描述： 电缆未铺沙盖砖且电缆与电缆、电缆与管道的平行交叉距离均不够。

错误做法

正确做法

标准条款

《电气装置安装工程 电缆线路施工及验收标准》（GB 50168—2018）第 6.2.4.2 条第 3）款规定：“电缆与热管道（沟）、油管道（沟）、可燃气体及易燃液体管道（沟）、热力设备或其他管道（沟）之间，虽净距满足要求，但检修管路可能伤及电缆时，在交叉点前后 1m 范围内，尚应采取保护措施；当交叉净距离不满足要求时，应将由缆穿入管中，其净距可为 0.25m。”

问题描述：电缆敷设不符合规范要求。

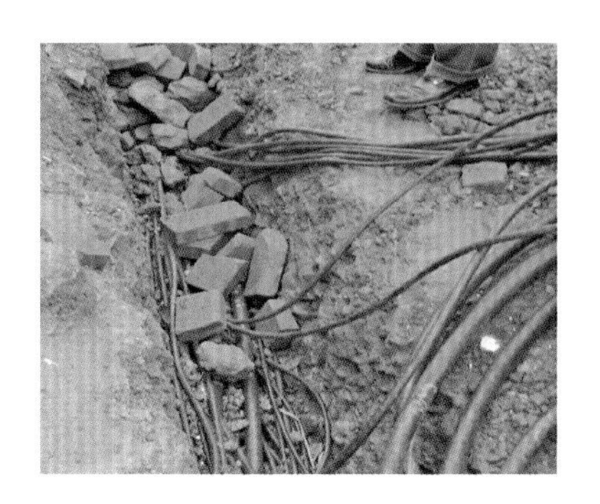

错误做法

正确做法

标准条款

《电气装置安装工程　电缆线路施工及验收标准》(GB 50168—2018)第 6.2.6 条规定："直埋电缆的上下部应铺以不小于 100mm 厚的软土砂层，并应加盖保护板，其覆盖宽度应超过电缆两侧各 50mm。保护板可采用混凝土盖板或砖块。"

问题描述： 管线交叉距离不足 30cm, 仅有 5cm 左右，没有采取绝缘加强措施。

错误做法

正确做法

标准条款

《输气管道工程设计规范》(GB 50251—2015) 第 4.3.11.1 条规定："输气管道与其他管道交叉时，垂直净距不应小于 0.3m，当小于 0.3m 时，两管间交叉处应设置坚固的绝缘隔离物，交叉点两侧各延伸 10m 以上的管段，应确保管道防腐层无缺陷。"

10.2 管道线路施工作业

问题描述：管材堆放无防滚措施。

错误做法

正确做法

标准条款

《西南油气田分公司油气田地面建设工程施工现场规范化管理实施细则（试行）》（站场分册）第 2.2 条规定：“管材堆放应有防滚和防塌措施。底部宜用袋装砂和细土（细土粒径不大于 20mm）等软体物质在两端铺垫，保证管底离地面的高度不小于 100mm……”

问题描述： 在管沟回填过程中，未将土方中大石块进行清理，直接用于管沟填埋。

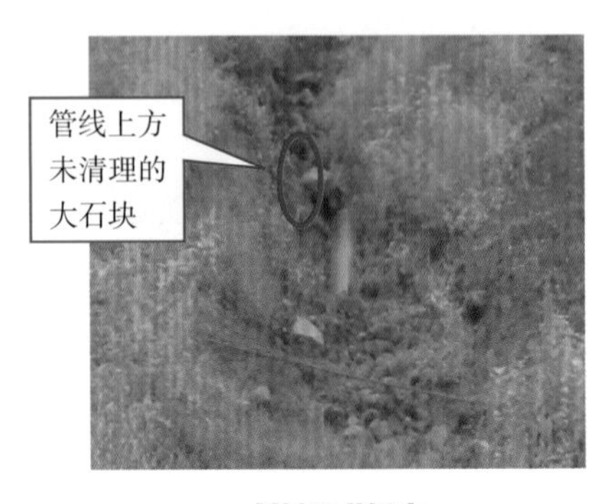

错误做法

正确做法

标准条款

《油气长输管道工程施工及验收规范》（GB 50369—2014）第 12.2.4 2）条规定："石方、戈壁或冻土段管沟，应预先回填细土至管顶上方 300mm，后回填原土石方。细土的最大粒径不应大于 20mm，原土石方的最大粒径不得大于 250mm。"

问题描述：已安装管道未施工时的封口板失效。

错误做法

正确做法

标准条款

《西南油气田分公司油气田地面建设工程施工现场规范化管理实施细则（试行）》（线路分册）第 5.13 条规定："当天施工结束时，不得留有未焊完的焊口；对已组焊完的管段，每天收工前或工休超过 2h 管口应做临时封堵；对于管道分段施工的起点和终点，管口要采取有效封堵，防止异物进入。"

问题描述： 在管线布管过程中管线防腐层大面积划伤。

错误做法

正确做法

标准条款

《油气长输管道工程施工及验收规范》(GB 50369—2014) 第 9.1.5 条规定："吊管机布管吊运时，宜单根吊运，进行双根或多根管吊运时，应采取有效的防护措施。"

问题描述：管道悬空段下方采用垫石支撑。

错误做法

正确做法

标准条款

《油气长输管道工程施工及验收规范》(GB 50369—2014)第 12.1.6 条规定："管道与沟底应紧贴，悬空段应用细土或砂塞填。"

问题描述： 现场使用的电源插座为普通型。

错误做法

正确做法

标准条款

《西南油气田分公司油气田地面建设工程施工现场规范化管理实施细则（试行）》（站场分册）第 7.3.2 条规定："临时用电配电箱规范化安装要求：临时用电配电箱规范化安装要求：d）室外临时用电配电盘、箱及开关、插座必须选用户外型产品，要有防雨、防潮措施；配电……"

问题描述：施工现场已开挖的基坑周边无防护及警示标志。

错误做法

正确做法

标准条款

《西南油气田分公司油气田地面建设工程施工现场规范化管理实施细则（试行）》（站场分册）第 12.4 条规定："在距坑边 1m 处宜用钢脚手架管搭设防护栏，防止人员失脚坠落坑内。防护栏搭设应稳固，立杆间距不应大于 2m，横杆离地高度宜为 1.2m。防护栏上设置警示带，醒目处悬挂警示牌。"

问题描述： 配电箱未上锁管理。

错误做法

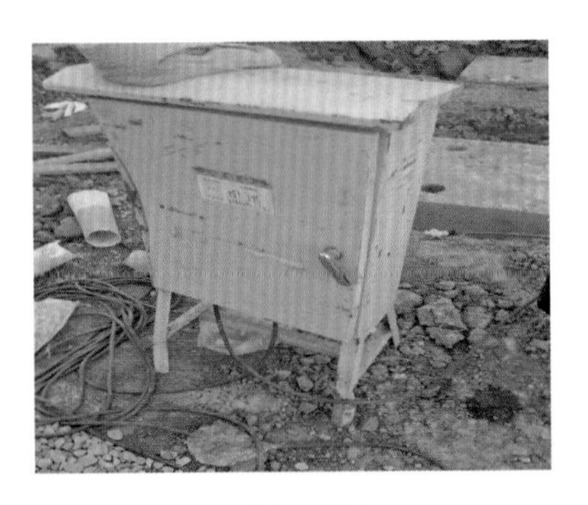

正确做法

标准条款

《西南油气田分公司油气田地面建设工程施工现场规范化管理实施细则（试行）》（站场分册）第 7.3.2 条规定："临时用电配电箱规范化安装要求：h）所有现场总、分配电箱和开关箱等设备必须上锁挂牌管理，指定专人负责；施工现场停止作业 1h 以上时，应将动力开关箱上锁。"

问题描述：管沟内逃生梯太短，不能满足逃生及安全需要。

错误做法

正确做法

标准条款

《西南油气田分公司油气田地面建设工程施工现场规范化管理实施细则（试行）》（线路分册）第 12.2 条规定："深坑（$H \geqslant 2.0$m）至少应设置两处安全逃生通道，通道设置应可靠、合理，位置宜对称设置，方便紧急情况下逃生。"

问题描述： 砂浆未使用机械搅拌，无计量工具，无配合比公示牌。

错误做法

正确做法

标准条款

《西南油气田分公司地面建设工程施工规范化管理实施细则——站场分册》第 9.2.6（c）条规定：“作业现场应配置砂、石等原材料称重设施，具备称重功能。”（d）条规定：“搅拌站醒目位置应设置混凝土、砂浆设计配合比公示牌。”

问题描述： 埋地管线未刷底漆，未做好绝缘防腐冷缠带，缠绕时未拉紧。

错误做法

正确做法

标准条款

《钢质管道聚烯烃胶粘带防腐层技术标准》（SY/T 0414—2017）第 5.4.3 条规定："采用机具缠绕时，应调节缠绕工具上张紧度，对胶粘带施加均匀张力，在涂好底漆的钢管上按照搭接要求缠绕胶粘带，胶粘带始末端搭接长度应不小于 1/4 管子周长，且不少于 100mm。两次缠绕搭接缝宜相互错开。搭接宽度不应低于 25mm。缠绕时胶粘带搭接缝应平行，不应扭曲皱褶，带端应压贴，不翘起。"

10.3 特殊地段管道施工作业

问题描述：顶管穿越，卷扬机底架地基基础不平整、连接不牢靠。

错误做法

正确做法

标准条款

《建筑卷扬机》（GB/T 1955—2019）第 5.14.1 条 e）规定：“安装卷扬机的地基基础应平整、坚实、卷扬机与基础的连接应牢靠。”

问题描述： 高速公路顶管，顶进坑临边未设置防护栏。

错误做法

正确做法

标准条款

《西南油气田分公司油气田地面建设工程施工现场规范化管理实施细则（试行）》（站场分册）第 12.4 条规定："在距坑边 1m 处宜用钢脚手架管搭设防护栏，防止人员失脚坠落坑内。防护栏搭设应稳固，WW 立杆间距不应大于 2m，横杆离地高度宜为 1.2m。防护栏上设置警示带，醒目处悬挂警示牌，如'禁止挤靠''禁止系吊重物'等警示标志。"

问题描述：泥浆池周边未设置防护围栏及警示标识。

错误做法

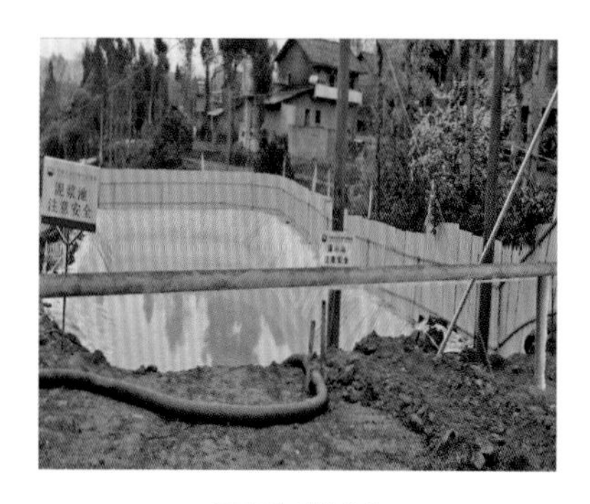

正确做法

标准条款

《西南油气田分公司油气田地面建设工程施工现场规范化管理实施细则（试行）》（线路分册）第 11.3.8.5 条规定："泥浆池周边设置防护围栏：采用 ϕ48×3.5mm 脚手架钢管搭设，设警示牌。"

问题描述：坑下作业人员未使用安全保护绳。

错误做法

正确做法

标准条款

《西南油气田公司进入受限空间作业安全管理规范》规定："进入受限空间作业应指定专人监护，不得在无监护人的情况下作业，作业监护人员不得离开现场或做与监护无关的事情。监护人员和作业人员应明确联络方式并始终保持有效的沟通。进入特别狭小空间作业，作业人员应系安全可靠的保护绳，监护人可通过系在作业人员身上的保护绳进行沟通联络。未要求所有坑下作业均须系保护绳。"

10.4 水工保护及恢复

问题描述：管道穿越河道埋深不足且措施不全。

错误做法

正确做法

标准条款

《防洪标准》(GB 50201—2014) 第 6.5.3 条规定："……为了防止洪水将管道冲断或疏浚对管道造成影响，保证正常供油供气。本条规定从水域底部穿过的输油、输气等管道工程，其深埋应同时满足相应防洪标准洪水的冲刷深度和规划疏浚深度，并预留安全深埋。"

《油气输送管道穿越工程设计规范》(GB 50423—2013) 第 5.1.4.1 条规定："水域穿越管段管顶深埋不宜小于设计防洪冲刷线或疏浚深度线以下 6m。"

问题描述：陡坡陡坎无水保防护措施。

错误做法

正确做法

标准条款

《油气输送管道线路工程水工保护施工规范》（SY/T 4126—2013）第 3.0.1 条规定：“水工保护工程应按批准的设计文件施工，并应达到设计要求。”